Verständnisaufgaben zur Analysis 1 und 2

Thomas Bauer

Verständnis-
aufgaben zur
Analysis 1 und 2

für Lerngruppen,
Selbststudium und Peer
Instruction

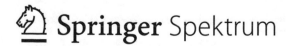

🐴 Springer Spektrum

Thomas Bauer
FB Mathematik und Informatik
Universität Marburg
Marburg, Deutschland

Ergänzendes Material zu diesem Buch finden Sie auf
https://www.springer.com/de/book/978-3-662-59702-6

ISBN 978-3-662-59702-6   ISBN 978-3-662-59703-3   (eBook)
https://doi.org/10.1007/978-3-662-59703-3

Die Deutsche Nationalbibliothek verzeichnet diese Publikation in der Deutschen
Nationalbibliografie; detaillierte bibliografische Daten sind im Internet über
http://dnb.d-nb.de abrufbar.

Springer Spektrum

Planung/Lektorat: Iris Ruhmann

Springer Spektrum ist ein Imprint der eingetragenen Gesellschaft Springer-Verlag
GmbH, DE und ist ein Teil von Springer Nature.
Die Anschrift der Gesellschaft ist: Heidelberger Platz 3, 14197 Berlin, Germany

Vorwort

Am Beginn des Mathematikstudiums begegnen Sie vielen neuen Inhalten – darunter einer ganzen Reihe von neuen mathematischen Begriffen und Sätzen, die zum Teil beträchtliche Komplexität haben. Wie lernt man diese neuen Inhalte? Was muss dabei verstanden werden? Und wie kann man sich sicher sein, dies wirklich verstanden zu haben? Das vorliegende Buch bietet hierzu Unterstützung für die Themenbereiche der Analysis an, die üblicherweise im Rahmen einer zweisemestrigen Veranstaltung zur Analysis behandelt werden.

■ **Die Kernfrage: Was bedeutet „einen Begriff verstehen" oder „einen Satz verstehen"?** Reicht es, die Formulierung der Definition oder des Satzes im Kopf zu behalten, um sie bei passender Gelegenheit auswendig wiedergeben zu können? Natürlich nicht. Der eigentlich Zweck der Begriffe und Sätze besteht darin, sie in variablen Situationen flexibel *verwenden* zu können. Dazu benötigt man mehrerlei:

1. eine präzise *Formulierung* der Begriffsdefinition oder der Satzaussage, damit man sich völlig darüber im Klaren ist, unter welchen Gegebenheiten eine Verwendung überhaupt möglich ist,

2. gute *Vorstellungen* davon, was der Begriff oder der Satz inhaltlich bedeutet – Welche typischen Beispiele gibt es? Was fällt *nicht* unter den Begriff, wann ist der Satz *nicht* anwendbar?

3. Erfahrung und Übung in der *Verwendung* – Wo kommt der Begriff vor? Wie kann man den Satz einsetzen? Von welcher Art sind die Schlüsse, die er ermöglicht?

■ **Die Intention: Was bietet dieses Buch?** Das Buch will Sie unterstützen, zu einem Verständnis der neuen Begriffe und Sätze im oben beschriebenen Sinne zu gelangen. Dazu bietet es *Verständnisaufgaben*, die auf dieses Ziel hin konzipiert sind. Die Aufgaben sind in themenbezogene Abschnitte zusammengefasst und bearbeiten jeweils einen bestimmten Begriff oder Satz. Jede Aufgabe stellt eine Frage und gibt dazu vier Antwortmöglichkeiten vor, von denen genau eine richtig ist. Das Sammeln, Abwägen und Kombinieren von Argumenten, die sich *für* oder *gegen* jede dieser Antwortmöglichkeiten anführen lassen, verspricht die Lernwirkung dieser Aufgaben. Aus den Fehlvorstellungen, die in falschen Antwortoptionen zum Ausdruck kommen, lässt sich ebenso viel lernen wie aus den richtigen Antworten. Im Abschnitt „Wie benutzt man dieses Buch" gleich zu Beginn wird genauer erläutert, wie Sie am effektivsten mit den Aufgaben umgehen.

■ **Danksagung.** Ich danke Lisa Hefendehl-Hebeker für ihre Ermunterung zu dieser Buchpublikation. Die Mitarbeiter Carsten Bornträger, Artur Rapp und Maximilian Schmidt haben wertvolle Arbeit beim Vortest und der Überprüfung der Aufgaben geleistet. Den studentischen Tutoren, die im Pilotdurchgang die Aufgaben mit der Methode der Peer Instruction engagiert eingesetzt haben, verdanke ich wertvolle Rückmeldungen. Ich danke Iris Ruhmann und Agnes Herrmann, die aufseiten des Verlags dieses Buchprojekt sehr konstruktiv begleitet haben.

Marburg, im Mai 2019   *Thomas Bauer*

Inhaltsverzeichnis

Wie benutzt man dieses Buch? –
Hinweise für Studierende

Muss man die Aufgaben der Reihe nach bearbeiten? Die Aufgaben sind weitgehend unabhängig voneinander konzipiert. Sie können daher zeitsparend vorgehen: Üben Sie dort, wo es für Sie jeweils relevant ist. Wenn Sie begleitend zu einer Lehrveranstaltung oder bei der Vorbereitung auf eine Prüfung zu bestimmten Begriffen oder Sätzen eine Übungsphase einlegen möchten, dann können Sie über das Inhaltsverzeichnis oder über das Stichwortverzeichnis passende Aufgaben auswählen und sich dort gezielt an die Arbeit machen.

Was ist das Ziel? Behalten Sie als wichtigstes Prinzip im Auge: Die Aufgaben sind kein „Lernstoff" an und für sich. Es sollte daher nicht Ihr Ziel sein, die Aufgaben oder die Lösungen zu lernen, sondern *aus* den Aufgaben und Lösungen zu lernen. Damit ist gemeint: Sie profitieren am meisten, wenn Sie sich intensiv damit befassen, *warum* die jeweiligen Antwortmöglichkeiten richtig oder falsch sind – es ist das eigentliche Ziel Ihrer Arbeit, dass Sie auf diese Weise Ihr Verständnis der Begriffe und Sätze vertiefen. So lernen Sie deren verschiedene Facetten kennen, bauen Vorstellungen dazu auf, sind vor eventuellen Fallstricken gewarnt und werden sicherer in der Verwendung dieser Inhalte.

Einzelarbeit oder Lerngruppen? Sie können die Aufgaben in diesem Buch sowohl zum selbständigen Üben als auch in Lerngruppen einsetzen. Wenn Sie in Lerngruppen arbeiten, dann ist die folgende Vorgehensweise eine gute Möglichkeit:

- Lesen Sie eine Aufgabe und überlegen Sie zunächst in Einzelarbeit, welche Argumente Sie für oder gegen die gegebenen Antwortoptionen kennen. Legen Sie sich dann auf eine Antwort fest.
- Diskutieren Sie in kleinen Gruppen (2–4 Teilnehmer) über die Aufgabe – versuchen Sie, sich gegenseitig von der Richtigkeit Ihrer gewählten Antwort zu überzeugen. Der Argumentationsprozess, der dabei entsteht, kann sich als sehr lernförderlich erweisen.
- Führen Sie dann (gemeinsam oder zunächst in Einzelarbeit) anhand der in Kap. 3 gegebenen kommentierten Lösung eine Klärung herbei: Durch welche Argumente können die falschen Antworten widerlegt und die richtige Antwort schlüssig begründet werden? Welche neuen Einsichten zu dem behandelten Begriff oder Satz hat Ihnen die Aufgabe erbracht?

Wie geht man konkret vor? Sowohl bei Einzelarbeit als auch in Lerngruppen ist es am effektivsten, wenn Sie in drei Schritten arbeiten:

- **Schritt 1: Jede Antwortmöglichkeit genau abwägen.** Überlegen Sie bei jeder der vier gegebenen Antworten: Was spricht dafür, was spricht dagegen? Sammeln Sie Argumente, kombinieren Sie sie. Die stärkste Lernwirkung erhalten Sie, wenn Sie nicht nur nach der *einen* richtigen Antwort suchen, sondern bei *jeder* Antwortoption klären, warum sie richtig oder falsch ist. Verfahren Sie nicht nach dem „Ausschlussprinzip", das Sie in einer Quizshow einsetzen würden – neben dem *Ergebnis* (d.h. der richtigen Antwort) geht es hier nämlich vor allem um den *Prozess* (d.h. das Argumentieren für oder gegen eine Antwortoption). Selbst wenn Sie drei Antwortoptionen bereits als falsch erkannt haben, ist es für die Lernwirkung wichtig, schlüssige Argumente für die verbleibende Option zu finden. Wenn Sie in Lerngruppen arbeiten, dann gehört zu diesem

Schritt die oben vorgeschlagene Diskussion in der Gruppe, in der Sie versuchen, sich gegenseitig zu überzeugen.

- **Schritt 2: Die Lösung verarbeiten.** Schauen Sie die kommentierte Lösung in Kap. 3 erst an, wenn Sie sich in der erläuterten Weise intensiv mit der Aufgabe befasst haben. Wenn Sie dann Ihre Ergebnisse mit der Lösung vergleichen, gehen Sie schrittweise vor: Lesen Sie zunächst die eventuell vorhandenen Vorbemerkungen und Erläuterungen zu falschen Antworten. Überlegen Sie dann, ob Sie die Dinge jetzt anders sehen. Die Aha-Erlebnisse, die dabei entstehen, können sehr lernwirksam sein. Lesen Sie schließlich die Erläuterungen zur richtigen Antwort und eventuell vorhandene weitergehende Hinweise. Nutzen Sie diesen Teil nicht nur zur Kontrolle Ihrer Ergebnisse, sondern verarbeiten Sie die neuen Informationen, die Sie hier erhalten – sie bilden den Ausgangspunkt für Ihre weitere Arbeit.

- **Schritt 3: Ein Fazit ziehen.** Überlegen Sie nach jeder Aufgabe und Lösung, die Sie bearbeitet haben: Was nehme ich mit? Wie hat sich mein Wissen zu dem Begriff oder Satz, um den es in der Aufgabe ging, verändert? Kann ich jetzt eine präzise Formulierung geben? In welcher Hinsicht wurden meine Vorstellungen erweitert, meine Intuition gestärkt? Wurde durch die Aufgabe eine Fehlvorstellung aufgedeckt, die durch die Arbeit mit der Lösung beseitigt werden konnte? Welche neue Einsicht über den Begriff oder Satz habe ich gewonnen?
Gerade dieser dritte, rückblickende Lernschritt ist für den langfristigen Lernfortschritt wichtig.

Ich wünsche Ihnen viel Erfolg bei der Arbeit mit den Aufgaben!

Wie lässt sich dieses Buch einsetzen? – Hinweise für Lehrende

Die Aufgaben in diesem Buch können auf verschiedene Weise eingesetzt werden:

Möglichkeit 1: In der Analysis-Vorlesung. Hier können die Aufgaben genutzt werden, um die Studierenden themenbezogen zu aktivieren und um ihr Verständnis neuer Begriffe oder Sätze zu vertiefen. Eine methodische Option hierfür bietet die Idee der *Peer Instruction* [2, 3, 4, 9]. Man geht dabei wie folgt vor:

- Eine Aufgabe wird präsentiert, die Studierenden überlegen und suchen Argumente für oder gegen die angebotenen Antwortalternativen.
- In einer Abstimmung (per Handzeichen oder digital gestützt durch ein Live-Voting-System) entscheiden sich die Studierenden für eine der Antwortalternativen.
- Es folgt – als Kern der Methode – eine Kleingruppendiskussion, zu der die Studierenden den Auftrag erhalten, sich gegenseitig zu überzeugen. In dieser wichtigen Phase werden die gefundenen Argumente diskutiert.
- In einer zweiten Abstimmung können sich die Studierenden auf Basis der Diskussion neu entscheiden.

Als registrierter Dozent können Sie für die Präsentation der Aufgaben in Ihrer Veranstaltung einen vollständigen Foliensatz auf der Produktseite zum Buch herunterladen:

https://www.springer.com/de/book/978-3-662-59702-6

Möglichkeit 2: In den begleitenden Übungen zur Analysis. So hat der Autor die Aufgaben in zwei Analysis-Zyklen (Studienjahre 2014/15 und 2018/19) eingesetzt. Jeweils 30 Minuten zu Beginn jeder Übungssitzung wurden der Arbeit mit Aufgaben gewidmet, die passend zum jeweiligen Vorlesungsstoff ausgewählt wurden. In methodischer Hinsicht kann man verschieden vorgehen:

- Eine Möglichkeit besteht darin, Peer Instruction in der oben beschriebenen Weise durchzuführen. Bei der Erprobung dieser Variante durch den Autor zeigte sich, dass die Studierenden in großer Mehrheit sehr positiv auf die Methode reagieren und sie als produktiv für ihr Lernen einschätzen. Die Tutoren konnten sie nach einer kurzen Schulung vor Semesterbeginn sehr gut umsetzen (siehe [1] für Details zur Umsetzung, zu Erfahrungen und zur Evaluation).

- Als weitere Möglichkeit lassen sich die Aufgaben auch in einer stärker von der Lehrperson gesteuerten Unterrichtsform verwenden: Nach einer anfänglichen Phase der Eigenarbeit (wie oben beschrieben) leitet der Tutor als Experte die Diskussion, in der erörtert wird, wie die falschen Antwortmöglichkeiten widerlegt und die richtige Antwort schlüssig begründet werden kann.

Möglichkeit 3: Als Empfehlung zum Selbststudium der Studierenden. Das vorliegende Buch ist so gestaltet, dass die Aufgaben von Studierenden auch im Selbststudium genutzt werden können. So lassen sich begleitend zur Vorlesung die neuen Begriffe und Sätze weitergehend bearbeiten und das Verständnis für die neuen Inhalte vertiefen. Wichtig ist, dass die Studierenden die Aufgaben nicht als „Lernpensum" an und für sich betrachten – etwa in dem Sinne, dass die richtigen Antworten „gelernt" werden sollten. Eine Anleitung, wie Studierende am effektivsten mit den Aufgaben umgehen können, findet sich im vorigen Abschnitt.

Die meisten Aufgaben in diesem Buch wurden vom Verfasser in der Praxis erprobt. Die Mitarbeiter und Tutoren zweier Analysis-Zyklen haben wertvolle Rückmeldungen gegeben, die in die Vorbereitung dieses Buchs eingeflossen sind. Dennoch ist es nicht auszuschließen (in Wahrheit: durchaus wahrscheinlich), dass der Text noch unklare Stellen oder gar Fehler enthält. Ich freue mich, wenn Sie mir Hinweise auf solche Stellen oder auch anderweitige Kommentare schicken.

1

Aufgaben zur Analysis 1

Mengen, Funktionen, Gleichungen und Ungleichungen

In diesem Abschnitt wird bearbeitet:
Übersetzen zwischen logischen Formeln und natürlicher Sprache, Ungleichungen zwischen reellen Zahlen, Betrag einer reellen Zahl, Umgang mit einfachen Gleichungen, Mengen und Mengeninklusionen

---

A1 Die folgende Aussage soll durch eine logische Formel mit Quantoren ausgedrückt werden:

Jede natürliche Zahl ist höchstens so groß wie ihr Quadrat.

Welche logische Formel ist eine korrekte Übersetzung?

(1) $\forall n \in \mathbb{N} : n < n^2$
(2) $\forall n \in \mathbb{N} : n \leqslant n^2$
(3) $\exists n \in \mathbb{N} : n < n^2$
(4) $\exists n \in \mathbb{N} : n \leqslant n^2$

A2 Wir betrachten die Aussage, die durch die folgende logische Formel ausgedrückt wird:

$$\exists n \in \mathbb{N} \, \forall m \in \mathbb{N} : n \leqslant m$$

Welche der folgenden Formulierungen gibt ihren Inhalt in natürlicher Sprache wieder?

(1) Es gibt eine größte natürliche Zahl.
(2) Es gibt eine kleinste natürliche Zahl.
(3) Zu jeder natürlichen Zahl gibt es eine natürliche Zahl, die noch größer ist.
(4) Zu jeder natürlichen Zahl gibt es eine natürliche Zahl, die kleiner ist.

© Springer-Verlag GmbH Deutschland, ein Teil von Springer Nature 2019
T. Bauer, *Verständnisaufgaben zur Analysis 1 und 2*,
https://doi.org/10.1007/978-3-662-59703-3_1

A 3   Die folgende Aussage soll durch eine logische Formel ausgedrückt werden:

Zu jeder natürlichen Zahl gibt es eine noch größere natürliche Zahl.

Welche logische Formel ist eine korrekte Übersetzung?

(1) $\exists m \in \mathbb{N} \, \forall n \in \mathbb{N} : m > n$
(2) $\exists n \in \mathbb{N} \, \exists m \in \mathbb{N} : m > n$
(3) $\forall n \in \mathbb{N} \, \exists m \in \mathbb{N} : m > n$
(4) $\forall n \in \mathbb{N} \, \forall m \in \mathbb{N} : m > n$

A 4   Wir verwenden für natürliche Zahlen n und m die Schreibweise $n \mid m$, wenn n ein Teiler von m ist. So besagt also

$$5 \mid 15, \quad \text{dass } 5 \text{ ein Teiler von } 15 \text{ ist,}$$
$$1 \mid 2, \quad \text{dass } 1 \text{ ein Teiler von } 2 \text{ ist,}$$
$$6 \mid 6, \quad \text{dass } 6 \text{ ein Teiler von } 6 \text{ ist.}$$

(Alle drei Aussagen sind richtig.) Es soll nun die folgende Aussage durch eine logische Formel ausgedrückt werden:

Es gibt eine natürliche Zahl, die Teiler jeder natürlichen Zahl ist.

Welche logische Formel ist eine korrekte Übersetzung?

(1) $\forall n \in \mathbb{N} \, \exists m \in \mathbb{N} : n \mid m$
(2) $\forall n \in \mathbb{N} \, \forall m \in \mathbb{N} : n \mid m$
(3) $\exists n \in \mathbb{N} \, \exists m \in \mathbb{N} : n \mid m$
(4) $\exists n \in \mathbb{N} \, \forall m \in \mathbb{N} : n \mid m$

A 5   Wenn für $a, b \in \mathbb{R}$ die Ungleichung $a < b$ gilt, dann gilt auch

(1) $a^2 < b^2$,
(2) $2a < 2b$,
(3) beides,
(4) keines von beiden.

A6 Wir betrachten die folgenden Mengen:

$$A := \left\{ x \in \mathbb{R} \mid x > 0 \right\}$$
$$B := \left\{ x \in \mathbb{R} \mid x^2 > 0 \right\}$$
$$C := \left\{ x \in \mathbb{R} \mid x > 0 \text{ und } x^2 > 0 \right\}$$

(1) Es gilt $B \subset A \subset C$.
(2) Es gilt $B \subset C \subset A$.
(3) Es gilt $A \subset B \subset C$.
(4) Es gilt $A \subset C \subset B$.

A7 Wie viele reelle Zahlen x mit $|x^2 - 1| = 1$ gibt es?

(1) eine
(2) zwei
(3) drei
(4) vier

A8 Was ist die maximale Anzahl Lösungen, die bei Gleichungen vorkommt, die von der Form $|ax^2 + bx + c| = d$ mit $a, b, c, d \in \mathbb{R}$ und $a \neq 0$ sind?

(1) zwei Lösungen
(2) drei Lösungen
(3) vier Lösungen
(4) unendlich viele Lösungen

A9 Es seien Zahlen $x, a \in \mathbb{R}$ und $\varepsilon > 0$ gegeben. Die Ungleichung

$$|x - a| \leqslant \varepsilon$$

ist dann äquivalent zu

(1) $a - \varepsilon \leqslant x \leqslant a + \varepsilon$,
(2) $x \in [a - \varepsilon, a + \varepsilon]$,
(3) beiden,
(4) keinem von beiden.

A 10   Wenn für $a, b \in \mathbb{R}^+$ die Ungleichung $a^2 < b^2$ gilt, dann

(1) gilt $(a + \varepsilon)^2 < b^2$ für alle reellen Zahlen $\varepsilon > 0$,
(2) gilt $a^2 < (b - \varepsilon)^2$ für alle reellen Zahlen $\varepsilon > 0$,
(3) gibt es eine reelle Zahl $\varepsilon > 0$ mit $(a + \varepsilon)^2 < 1$,
(4) gibt es eine reelle Zahl $\varepsilon > 0$ mit $(a + \varepsilon)^2 < b^2$.

A 11   Jemand sagt: „$f(x) = \frac{1}{x}$ ist monoton fallend."

(1) Dies ist wahr.
(2) Dies ist falsch, denn „monoton steigend" ist richtig.
(3) Dies ist falsch, denn bei Funktionen kann man nicht von Monotonie sprechen.
(4) Es ist nicht genügend Information gegeben, um das zu beantworten.

A 12   Wir betrachten drei Mengen von Funktionen:

$$A := \{f : \mathbb{R} \to \mathbb{R} \mid \forall p \in [0, 1] : f(p) = 0\}$$
$$B := \{f : \mathbb{R} \to \mathbb{R} \mid f(p) = 0\}, \text{ wobei } p \in [0, 1]$$
$$C := \{f : \mathbb{R} \to \mathbb{R} \mid \exists p \in [0, 1] : f(p) = 0\}$$

Welche Aussage ist richtig?

(1) $A \subsetneq B \subsetneq C$
(2) $A = B \subsetneq C$
(3) $A \subsetneq B = C$
(4) keine von diesen

A 13   Wir betrachten die Abbildung

$$f : \mathbb{R} \to \mathbb{R}, \quad x \mapsto x^2$$

Was lässt sich über die Urbildmenge $f^{-1}(\{-1, 4\})$ sagen?

(1) Es gilt $f^{-1}(\{-1, 4\}) = \{1, 2\}$.
(2) Es gilt $f^{-1}(\{-1, 4\}) = \{-2, 2\}$.

(3) Sie existiert nicht, da -1 nicht als Funktionswert von f vorkommt.

(4) Sie existiert nicht, da f nicht umkehrbar ist.

A 14   Das kartesische Produkt $\mathbb{R} \times \mathbb{Q}$

(1) ist abzählbar, da $\mathbb{Q}$ abzählbar ist,

(2) ist überabzählbar, da $\mathbb{R}$ überabzählbar ist,

(3) ist sowohl abzählbar als auch überabzählbar,

(4) ist weder abzählbar noch überabzählbar.

Supremum und Infimum, Vollständigkeit

In diesem Abschnitt wird bearbeitet:
Maximum und Minimum sowie Supremum und Infimum von Mengen reeller Zahlen, Intervallschachtelungen und Vollständigkeit

---

A 15 Es sei $M \subset \mathbb{R}$ eine Teilmenge, die ein Maximum besitzt. Wir definieren die Menge $-M$ durch

$$-M := \{-x \mid x \in M\}$$
$$= \{\text{alle Negativen von Elementen aus } M\}.$$

(1) Dann hat auch $-M$ ein Maximum, muss aber kein Minimum haben.
(2) Dann hat $-M$ ein Minimum, muss aber kein Maximum haben.
(3) Dann hat $-M$ ein Minimum und ein Maximum.
(4) Dann muss $-M$ weder Minimum noch Maximum haben.

A 16 Ist I das Intervall $[a, b[$, so ist b Supremum von I. Welche der folgenden Aussagen ist dazu äquivalent?

(1) b ist eine reelle Zahl, die eine obere Schranke für alle Elemente von I ist.
(2) b ist ein Element von I, das eine obere Schranke für alle Elemente von I ist.
(3) b ist eine obere Schranke von I und es gibt keine kleinere obere Schranke von I.
(4) Jede dieser Aussagen.

A 17 Es sei $M \subset \mathbb{R}$ eine nichtleere Menge und $a \in \mathbb{R}$. Was ist das stärkste der folgenden logischen Symbole, das anstelle von $\overset{?}{-\!\!-}$ im Ausdruck

$$a \text{ ist Supremum von } M \quad \overset{?}{-\!\!-} \quad a \text{ ist Maximum von } M$$

© Springer-Verlag GmbH Deutschland, ein Teil von Springer Nature 2019
T. Bauer, *Verständnisaufgaben zur Analysis 1 und 2*,
https://doi.org/10.1007/978-3-662-59703-3_2

eingesetzt werden kann, so dass eine wahre Aussage entsteht?

(1) $\Longrightarrow$

(2) $\Longleftarrow$

(3) $\Longleftrightarrow$

(4) keines von diesen

A 18 Wir betrachten für $n \in \mathbb{N}$ die Intervalle

$$\left[1 + \frac{1}{n},\ 2 + \frac{1}{n}\right]$$

(1) Die Intervalle bilden eine Intervallschachtelung.
   Es gibt eine reelle Zahl, die in allen Intervallen enthalten ist.
(2) Die Intervalle bilden eine Intervallschachtelung.
   Es gibt keine reelle Zahl, die in allen Intervallen enthalten ist.
(3) Die Intervalle bilden keine Intervallschachtelung.
   Es gibt eine reelle Zahl, die in allen Intervallen enthalten ist.
(4) Die Intervalle bilden keine Intervallschachtelung.
   Es gibt keine reelle Zahl, die in allen Intervallen enthalten ist.

A 19 Eine Zahl $a > 0$ mit $a^2 = b$ heißt *Quadratwurzel* von b.

(1) Jede Zahl $b \in \mathbb{R}$ hat eine Quadratwurzel in $\mathbb{R}$.
(2) Keine Zahl $b \in \mathbb{Q}^+$ hat eine Quadratwurzel in $\mathbb{Q}$.
(3) Es gibt Zahlen $b \in \mathbb{Q}^+$, die keine Quadratwurzel in $\mathbb{Q}$ haben.
(4) Es gibt Zahlen $b \in \mathbb{R}^+$, die keine Quadratwurzel in $\mathbb{R}$ haben.

Folgen und Konvergenz

In diesem Abschnitt wird bearbeitet:
Konvergenz von Folgen, Nullfolgen, Umgebungen, Rechnen mit Grenzwerten, Teilfolgen, Häufungswerte, Cauchy-Folgen

---

A 20 Die Folge (a_n) sei ab einem gewissen Index konstant. Für (b_n) gelte dies ebenso (mit eventuell anderem Index, ab dem die Folge konstant ist). Hat die Summenfolge $(a_n + b_n)$ dieselbe Eigenschaft?

(1) Ja.

(2) Nein.

(3) Das hängt von den Folgen ab.

(4) Das lässt sich nicht beantworten, da der Index, ab dem die Folgen konstant sind, nicht gegeben ist.

A 21 Betrachten Sie die Aussagen, die durch die folgenden beiden Formeln (A) und (B) ausgedrückt werden:

$$(A) \quad \forall \varepsilon > 0 \ \exists n \in \mathbb{N} : \frac{1}{n} < \varepsilon$$

$$(B) \quad \exists n \in \mathbb{N} \ \forall \varepsilon > 0 : \frac{1}{n} < \varepsilon$$

Was trifft zu?

(1) Die zwei Aussagen sind äquivalent, und sie sind beide wahr.

(2) Die zwei Aussagen sind äquivalent, und sie sind beide falsch.

(3) Die Aussagen sind nicht äquivalent, und nur (A) ist wahr.

(4) Die Aussagen sind nicht äquivalent, und nur (B) ist wahr.

© Springer-Verlag GmbH Deutschland, ein Teil von Springer Nature 2019
T. Bauer, *Verständnisaufgaben zur Analysis 1 und 2*,
https://doi.org/10.1007/978-3-662-59703-3_3

A 22 Jemand soll eine Folge $(a_n)_{n\in\mathbb{N}}$ auf Konvergenz untersuchen. Er hat die Information, dass gilt

$$\lim_{n\to\infty} a_{n+1} = 27\,.$$

Was kann er daraus schließen?

(1) $(a_n)_{n\in\mathbb{N}}$ ist konvergent, und es gilt $\lim\limits_{n\to\infty} a_n = 27$.
(2) $(a_n)_{n\in\mathbb{N}}$ ist konvergent, und es gilt $\lim\limits_{n\to\infty} a_n = 28$.
(3) $(a_n)_{n\in\mathbb{N}}$ ist divergent.
(4) $(a_n)_{n\in\mathbb{N}}$ kann konvergent oder divergent sein (es hängt von der Folge ab).

A 23 Die Folge $(\frac{1}{n})_{n\in\mathbb{N}}$

(1) ist eine Nullfolge, weil alle Folgenglieder gleich Null sind,
(2) ist cine Nullfolge, weil ab einem gewissen Index alle Folgenglieder gleich Null sind,
(3) ist eine Nullfolge, weil es ein Folgenglied gibt, das gleich Null ist,
(4) ist eine Nullfolge, obwohl kein einziges Folgenglied gleich Null ist.

A 24 Wir betrachten die Folge

$$\left(0, \frac{1}{1000}, 0, \frac{1}{1000}, 0, \frac{1}{1000}, \dots\right).$$

(1) Alle Folgenglieder liegen in der ε-Umgebung $U_\varepsilon(0)$, wenn man $\varepsilon := \frac{1}{100}$ wählt, daher ist sie konvergent.
(2) In jeder ε-Umgebung $U_\varepsilon(0)$ liegen fast alle Folgenglicder, daher ist sie konvergent.
(3) Es gibt eine ε-Umgebung von 0, in der nur endlich viele Folgenglieder liegen, daher ist sie nicht konvergent.
(4) Es gibt eine ε-Umgebung von 0, in der nicht fast alle Folgenglieder liegen, daher ist sie nicht konvergent.

A 25   Jemand macht folgende Rechnung:

$$
\begin{aligned}
0 &= \lim_{n\to\infty} 0 \\
&= \lim_{n\to\infty} \left((-1)^n + (-1)^{n+1}\right) \\
&= \lim_{n\to\infty} (-1)^n + \lim_{n\to\infty} (-1)^{n+1} \\
&= \lim_{n\to\infty} (-1)^n + \lim_{n\to\infty} (-1)^n \\
&= 2 \lim_{n\to\infty} (-1)^n \\
\implies &\quad \lim_{n\to\infty} (-1)^n = 0
\end{aligned}
$$

Das Ergebnis kann nicht stimmen, da die Folge $((-1)^n)$ nicht konvergent ist. Wo hat diese Rechnung einen Fehler?

(1) beim ersten Gleichheitszeichen,
(2) beim zweiten Gleichheitszeichen,
(3) beim dritten Gleichheitszeichen.
(4) Die Rechnung hat an diesen Stellen keinen Fehler, das Problem liegt woanders.

A 26   Es seien $(a_n)_{n\in\mathbb{N}}$ und $(b_n)_{n\in\mathbb{N}}$ konvergente Folgen reeller Zahlen. Was ist das stärkste der folgenden logischen Symbole, das anstelle von $\overset{?}{-}$ im Ausdruck

$$(a_n) \text{ und } (b_n) \text{ konvergent} \quad \overset{?}{-} \quad (a_n + b_n) \text{ konvergent}$$

eingesetzt werden kann, so dass eine wahre Aussage entsteht?

(1) $\implies$
(2) $\impliedby$
(3) $\iff$
(4) keines von diesen

A 27   Es sei $(a_n)_{n\in\mathbb{N}}$ eine konvergente Folge reeller Zahlen und sei $a \in \mathbb{R}$. Was ist das stärkste der folgenden logischen Symbole, das anstelle von $\dfrac{?}{}$ im Ausdruck

$$a_n \xrightarrow[n\to\infty]{} a \quad \dfrac{?}{} \quad |a_n| \xrightarrow[n\to\infty]{} |a|$$

eingesetzt werden kann, so dass eine wahre Aussage entsteht?

(1) $\Longrightarrow$

(2) $\Longleftarrow$

(3) $\Longleftrightarrow$

(4) keines von diesen

A 28 Jemand behauptet: Ist (a_n) eine Folge in $\mathbb{R}$ mit $a_n \neq 0$ für alle $n \in \mathbb{N}$, dann gilt:

$$\lim_{n\to\infty} \frac{a_n + \frac{1}{n}}{a_n} = \lim_{n\to\infty} \frac{a_n}{a_n} = 1 \qquad (*)$$

(1) Das ist richtig, da $\lim\limits_{n\to\infty} \frac{1}{n} = 0$ gilt.

(2) Das wäre richtig, wenn er die folgende Voraussetzung hinzugefügt hätte: $\forall n : a_n > 0$

(3) Das ist falsch, da die erste Gleichung in $(*)$ nicht immer stimmt.

(4) Das ist falsch, da der zweite Grenzwert in $(*)$ nur existiert, wenn (a_n) konvergent ist.

A 29 Es sei $(a_n)_{n\in\mathbb{N}}$ eine konvergente Folge reeller Zahlen. Was ist das stärkste der folgenden logischen Symbole, das anstelle von $\dfrac{?}{}$ im Ausdruck

$$\forall n : a_n \geqslant 0 \quad \dfrac{?}{} \quad \lim_{n\to\infty} a_n \geqslant 0$$

eingesetzt werden kann, so dass eine wahre Aussage entsteht?

(1) $\Longrightarrow$

(2) $\Longleftarrow$

(3) $\Longleftrightarrow$

(4) keines von diesen

A 30 Es sei $(a_n)_{n\in\mathbb{N}}$ eine konvergente Folge reeller Zahlen, und es sei bekannt, dass

$$\lim_{n\to\infty} a_n > 0$$

gilt. Was ist die stärkste hieraus mögliche Folgerung?

(1) Es gibt ein $n \in \mathbb{N}$ mit $a_n > 0$.
(2) Es gilt $a_n > 0$ für unendlich viele $n \in \mathbb{N}$.
(3) Es gibt ein $N \in \mathbb{N}$, so dass $a_n > 0$ für alle $n \geqslant N$ gilt.
(4) Es gilt $a_n > 0$ für alle $n \in \mathbb{N}$.

A 31 Die Folge (a_n) in $\mathbb{R}$ sei streng monoton steigend. Was kann man daraus folgern?

(1) Die Folge konvergiert gegen eine reelle Zahl.
(2) Die Folge geht gegen unendlich.
(3) Die Folge ist nicht konvergent und geht nicht gegen unendlich.
(4) Keines von diesen kann man folgern.

A 32 Die Folge $(b_n)_{n\in\mathbb{N}} = (n^2 + 1)_{n\in\mathbb{N}}$ ist eine Teilfolge von $(a_n)_{n\in\mathbb{N}} = (n)_{n\in\mathbb{N}}$.

(1) Das ist wahr.
(2) Das ist falsch.
(3) Das hängt von n ab.
(4) Das hängt von b_n ab.

A 33 Wir betrachten die Folge

$$\left(1, \frac{1}{1}, 2, \frac{1}{2}, 3, \frac{1}{3}, 4, \frac{1}{4}, 5, \frac{1}{5}, \dots\right).$$

(1) Sie ist konvergent.
(2) Sie hat genau eine konvergente Teilfolge.
(3) Sie hat unendlich viele konvergente Teilfolgen.
(4) Jede ihrer Teilfolgen ist konvergent.

A 34 Von einer Folge (a_n) sei bekannt, dass sie unbeschränkt ist. Welche Aussage kann man daraus folgern?

(1) Sie hat keinen Häufungswert.
(2) Sie hat genau einen Häufungswert.
(3) Sie hat mehr als einen Häufungswert.
(4) Keine dieser Aussagen.

A 35 Patrick betrachtet die durch $a_n := \sqrt{n}$ definierte Folge. Er beweist:

(i) $a_n \to \infty$
(ii) $|a_{n+1} - a_n| \to 0$

(Beides ist richtig.)

Er sagt: „Die Folge ist wegen (i) nicht konvergent und wegen (ii) ist sie eine Cauchy-Folge." Er sieht darin einen Widerspruch zu einem Satz aus seiner Analysis-Vorlesung. Wodurch wird dieser aufgelöst?

(1) Die Folge ist konvergent.
(2) Die Folge erfüllt die Bedingung der *bestimmten Divergenz*.
(3) Die Folge ist keine Cauchy-Folge.
(4) Es gibt Cauchy-Folgen, die nicht konvergent sind.

A 36 Es sei (a_n) eine Folge reeller Zahlen. Wir betrachten die folgenden zwei Bedingungen:

(CF): (a_n) ist eine Cauchy-Folge.
($*$):   Für alle $m, n \in \mathbb{N}$ mit $m \geqslant n$ gilt $|a_n - a_m| < \frac{1}{n}$.

Es gilt

(1) (CF) $\Longleftrightarrow$ ($*$),
(2) ($*$) $\Longrightarrow$ (CF), aber die andere Implikation gilt nicht,
(3) (CF) $\Longrightarrow$ ($*$), aber die andere Implikation gilt nicht,
(4) keines der obigen.

Reihen

In diesem Abschnitt wird bearbeitet:
Konvergenz von Reihen, geometrische Reihe, Konvergenzkriterien für Reihen, absolute Konvergenz, Umordnung von Reihen, Dezimalbrüche

---

A 37   Welche Formulierung bringt zum Ausdruck, dass eine Reihe $\sum_{n=1}^{\infty} a_n$ konvergiert?

(1) Die Reihenglieder a_n sind durch eine explizite Formel gegeben, man kann sie daher explizit aufsummieren.

(2) Die Reihenglieder a_n werden für hinreichend großes n beliebig klein, man braucht daher bei der Summation nur endlich viele davon zu berücksichtigen.

(3) Es gibt einen Index n, ab dem die Summen $a_1 + \ldots + a_n$ nicht mehr größer werden.

(4) Wenn man immer längere Summen $a_1 + \ldots + a_n$ bildet, dann entsteht eine konvergente Folge von Summen.

A 38   Dass die Reihe $\sum_{n=0}^{\infty} \frac{1}{2^n} = 1 + \frac{1}{2} + \frac{1}{4} + \frac{1}{8} + \frac{1}{16} + \ldots$ konvergent ist, liegt daran, dass

(1) die Summanden $\frac{1}{2^n}$ eine konvergente Folge bilden,
(2) die Summanden $\frac{1}{2^n}$ eine Nullfolge bilden,
(3) die Summen $1 + \frac{1}{2} + \frac{1}{4} + \ldots + \frac{1}{2^n}$ eine konvergente Folge bilden,
(4) die Summen $1 + \frac{1}{2} + \frac{1}{4} + \ldots + \frac{1}{2^n}$ eine Nullfolge bilden.

A 39   Jemand verwendet die Summenformel für die geometrische Reihe in folgender Rechnung:

$$\sum_{n=0}^{\infty} \left(\frac{k}{10} \right)^n = \frac{1}{1 - \frac{k}{10}} = \frac{10}{10 - k} \qquad (*)$$

© Springer-Verlag GmbH Deutschland, ein Teil von Springer Nature 2019
T. Bauer, *Verständnisaufgaben zur Analysis 1 und 2*,
https://doi.org/10.1007/978-3-662-59703-3_4

Für $k = 5$ erhält er das ihm schon bekannte Ergebnis

$$\sum_{n=0}^{\infty} \left(\frac{1}{2}\right)^n = 2,$$

aber für $k = 15$ gelangt er zu der Gleichung

$$\sum_{n=0}^{\infty} \left(\frac{15}{10}\right)^n = -2, \tag{$**$}$$

die nicht richtig sein kann, da auf der linken Seite alle Summanden positiv sind, während rechts eine negative Zahl steht. Wie ist das falsche Ergebnis zustande gekommen?

(1) Die Aussage ($*$) gilt nicht für alle $k \in \mathbb{N}$.

(2) Bei ($**$) liegt ein Rechenfehler vor, denn in ($*$) liefert das Einsetzen von $k = 15$ in den Ausdruck $\frac{10}{10-k}$ etwas anderes.

(3) Es wurde für die geometrische Reihe $\sum_{n=0}^{\infty} q^n$ nicht die korrekte Summenformel $1/(1-q)$ verwendet.

(4) Das Ergebnis ist gar nicht falsch, denn der Reihenwert in ($**$) kann negativ sein, ohne dass negative Summanden vorkommen.

A 40 Die Reihe $\sum_{n=1}^{\infty} \frac{1}{\sqrt{n}}$

(1) ist konvergent, denn es gilt $\frac{1}{\sqrt{n}} \to 0$,

(2) ist konvergent, denn es gilt $\frac{1}{\sqrt{n+1}} \Big/ \frac{1}{\sqrt{n}} \to 1$,

(3) ist divergent, denn $\sum \frac{1}{n}$ ist divergent und $\frac{1}{\sqrt{n}} \geqslant \frac{1}{n}$,

(4) ist divergent, denn $\sum \frac{1}{n}$ ist divergent und $\sum \frac{1}{\sqrt{n}} = \sqrt{\sum \frac{1}{n}}$.

A 41   Aus welcher der folgenden Aussagen kann man auf die Konvergenz der Reihe $\sum_{n=0}^{\infty} \frac{n!}{n^n}$ schließen?

(1) $\frac{n!}{n^n} \leqslant \frac{2}{n^2}$ für $n \geqslant 2$

(2) $\frac{n!}{n^n} \leqslant \frac{n(n-1)}{n^2}$ für $n \geqslant 2$

(3) $\frac{n!}{n^n} < q < 1$ für $n \geqslant 2$ mit $q := \frac{1}{2}$

(4) $\frac{n!}{n^n} \to 0$

A 42   Es sei a_n eine Folge mit $0 < a_n < \frac{1}{n}$ für alle $n \in \mathbb{N}$. Was lässt sich daraus folgern?

(1) $\sum a_n$ ist konvergent.

(2) $\sum a_n$ ist absolut konvergent.

(3) $\sum a_n$ divergent.

(4) Keine dieser Aussagen.

A 43   Sei $N \in \mathbb{N}$ und sei $(a_n)_{n \in \mathbb{N}}$ eine Folge, für die gilt

$$a_n = 0 \qquad \text{für } n > N.$$

(1) Die Reihe $\sum a_n$ ist konvergent, denn die Folge (a_n) ist eine Nullfolge.

(2) Die Reihe $\sum a_n$ ist konvergent, denn es gilt $|a_n| < \frac{1}{n}$ für $n > N$.

(3) Die Reihe $\sum a_n$ ist konvergent, denn die Folge $(\sum_{k=1}^{n} a_k)_{n \in \mathbb{N}}$ ist eine Nullfolge.

(4) Die Reihe $\sum a_n$ ist konvergent, denn die Folge $(\sum_{k=1}^{n} a_k)_{n \in \mathbb{N}}$ konvergiert gegen $\sum_{k=1}^{N} a_k$.

A 44   Es soll die Gültigkeit der folgenden Gleichung begründet werden:

$$1 + \frac{1}{4} + \frac{1}{9} + \frac{1}{16} + \frac{1}{25} + \frac{1}{36} + \cdots$$

$$= \frac{1}{4} + 1 + \frac{1}{16} + \frac{1}{9} + \frac{1}{36} + \frac{1}{25} + \cdots$$

Welches Argument ist stichhaltig?

(1) Auf beiden Seiten stehen dieselben Summanden, nur in anderer Reihenfolge.

(2) Auf beiden Seiten stehen konvergente Reihen, nur die Reihenfolge der Summanden ist verschieden.

(3) Eine der Reihen ist absolut konvergent, bei der anderen stehen dieselben Summanden in anderer Reihenfolge.

(4) Jedes dieser Argumente.

A 45 Sei $q \in \mathbb{R}$ mit $|q| < 1$. Welche der folgenden Rechnungen sind korrekt?

(1)

$$\sum_{k=0}^{\infty} q^k \cdot \sum_{k=0}^{\infty} q^k = \sum_{k=0}^{\infty} \sum_{m=0}^{k} q^m q^{k-m} = \sum_{k=0}^{\infty} (k+1) q^k$$

(2)

$$\sum_{k=0}^{\infty} q^k \cdot \sum_{k=0}^{\infty} q^k = \sum_{k=0}^{\infty} (q^k \cdot q^k) = \sum_{k=0}^{\infty} q^{2k} = \frac{1}{1-q^2}$$

(3) Beide sind korrekt.

(4) Keine von beiden ist korrekt.

A 46 Die Reihe $\sum_{n=0}^{\infty} (\frac{9}{10} + \frac{9}{10} i)^n$

(1) ist konvergent. Dies kann mit $\frac{9}{10} < 1$ begründet werden.

(2) ist konvergent. Dies kann mit $\left| \frac{9}{10} + \frac{9}{10} i \right| < 1$ begründet werden.

(3) ist divergent. Das kann mit $\frac{9}{10} > 1$ begründet werden.

(4) ist divergent. Das kann mit $\left| \frac{9}{10} + \frac{9}{10} i \right| > 1$ begründet werden.

A 47   Der Dezimalbruch $0,12112211122211112222\ldots$

(1) ist konvergent – das ist bei jedem unendlichen Dezimalbruch so.
(2) ist konvergent – das liegt daran, dass er periodisch ist.
(3) ist divergent – das liegt daran, dass er nicht periodisch ist.
(4) ist divergent – das liegt daran, dass er unendlich viele Nachkommastellen hat.

A 48   Jemand macht folgende Rechnung, durch die er mit Hilfe der geometrischen Reihe in $\mathbb{R}$ die falsche Gleichung $0 = 1$ „beweist":

$$0 = \sum_{n=0}^{\infty} 0 = \sum_{n=0}^{\infty} 0^n = \frac{1}{1-0} = 1$$

Bei welchem Gleichheitszeichen liegt der Fehler?

(1) beim ersten
(2) beim zweiten
(3) beim dritten
(4) beim vierten

A 49   Die Reihe

$$\sum_{n=0}^{\infty} \left(\frac{1}{2^n} + \frac{(-1)^n}{3^n} \right)$$

(1) hat den Wert $\frac{11}{4}$,
(2) hat den Wert $\frac{9}{4}$,
(3) hat den Wert $\frac{7}{4}$,
(4) ist nicht konvergent.

A 50   Es sei $\sum_{n=0}^{\infty} a_n$ eine Reihe und $\lambda \in \mathbb{R} \setminus \{0\}$. Es soll die folgende Aussage gezeigt werden:

$$\sum a_n \text{ ist konvergent} \iff \sum \lambda a_n \text{ ist konvergent}$$

Welches Argument kann als Kern eines möglichen Beweises verwendet werden?

(1) Die Partialsummen beider Reihen unterscheiden sich nur um eine Konstante, die ungleich 0 ist.

(2) Es gilt $\left| \frac{\lambda a_{n+1}}{\lambda a_n} \right| = \left| \frac{a_{n+1}}{a_n} \right|$ (Quotientenkriterium anwenden).

(3) Es gilt $|\lambda a_n| \leqslant |a_n|$. (Majorantenkriterium anwenden)

(4) Jedes dieser Argumente.

Komplexe Zahlen und elementare Funktionen

In diesem Abschnitt wird bearbeitet:
Umgebungen in $\mathbb{C}$, Sinus- und Kosinusfunktion, Exponentialfunktion

---

A 51   Für die Umgebungen $U_1(0)$ und $U_1(1+i)$ in $\mathbb{C}$ gilt:

(1) Sie sind disjunkt.
(2) Sie schneiden sich in genau einem Punkt.
(3) Sie schneiden sich in genau zwei Punkten.
(4) Sie schneiden sich in unendlich vielen Punkten.

A 52   Für jedes $x \in \mathbb{R}$ gilt

(1) $\sin(2x) = 2\sin x$,
(2) $\sin(2x) = 2\sin x \cos x$,
(3) $\sin(2x) = (\sin x)^2$,
(4) $\sin(2x) = 2\cos x$.

A 53   Mit der Funktionalgleichung der Exponentialfunktion kann man zeigen, dass für alle $x \in \mathbb{R}$ gilt

(1) $\cos(3x) + i\sin(3x) = (\cos x + i\sin x)^3$,
(2) $\cos(3x) + i\sin(3x) = 3\cos x + 3i\sin x$,
(3) beide Aussagen,
(4) keine der beiden Aussagen.

A 54   Welche der folgenden Gleichungen ist richtig und ist als Argument beim Beweis der Funktionalgleichung $\exp(z+w) = \exp(z) \cdot \exp(w)$ von Nutzen?

(1) $\dfrac{(z+w)^n}{n!} = \dfrac{z^n}{n!} \cdot \dfrac{w^n}{n!}$

© Springer-Verlag GmbH Deutschland, ein Teil von Springer Nature 2019
T. Bauer, *Verständnisaufgaben zur Analysis 1 und 2*,
https://doi.org/10.1007/978-3-662-59703-3_5

(2) $\dfrac{(z+w)^n}{n!} = \dfrac{z^n w^n}{n!}$

(3) $\dfrac{(z+w)^n}{n!} = \dfrac{1}{n!} \displaystyle\sum_{k=0}^{n} \binom{n}{k} z^k w^{n-k}$

(4) $\dfrac{(z+w)^n}{n!} = \dfrac{1}{n!} \displaystyle\sum_{k=0}^{n} \binom{n}{k} z^{k-n} w^{n-k}$

Grenzwerte und Stetigkeit

In diesem Abschnitt wird bearbeitet:
Stetige Funktionen, $\varepsilon\delta$-Kriterium, Grenzwerte

---

A 55 Angenommen, wir wissen über eine Funktion $f : \mathbb{R} \to \mathbb{R}$, dass gilt

$$f(\tfrac{1}{n}) = 0 \qquad \text{für alle } n \in \mathbb{N},$$

d.h.

$$0 = f(1) = f(\tfrac{1}{2}) = f(\tfrac{1}{3}) = f(\tfrac{1}{4}) = f(\tfrac{1}{5}) = \ldots$$

Was kann man daraus folgern?

(1) Es gilt $\lim\limits_{x \to 0} f(x) = 0$.
(2) Es gilt $f(0) = 0$.
(3) Man kann beides folgern.
(4) Man kann keines von beiden folgern.

A 56 Dass die Funktion

$$\mathbb{R} \to \mathbb{R}$$

$$x \mapsto x$$

stetig ist, kann man mit dem $\varepsilon\delta$-Kriterium

(1) nicht beweisen, denn man benötigt in diesem Fall das Folgenkriterium,
(2) nicht beweisen, da in diesem Fall kein ε gegeben ist,
(3) beweisen, indem man dort $\delta := \varepsilon$ wählt,
(4) beweisen, indem man dort $\delta := \varepsilon \cdot |x|$ wählt.

© Springer-Verlag GmbH Deutschland, ein Teil von Springer Nature 2019
T. Bauer, *Verständnisaufgaben zur Analysis 1 und 2*,
https://doi.org/10.1007/978-3-662-59703-3_6

A 57 Wir möchten die Aussage

$$\lim_{x \to 3} 2x = 6$$

übungshalber mit dem $\varepsilon\delta$-Kriterium beweisen. Welches Argument ist dafür geeignet?

(1) Zu gegebenem δ können wir $\varepsilon = \delta/2$ wählen.
(2) Zu gegebenem δ können wir $\varepsilon = 2\delta$ wählen.
(3) Zu gegebenem ε können wir $\delta := \varepsilon/2$ wählen.
(4) Zu gegebenem ε können wir $\delta := 2\varepsilon$ wählen.

A 58 Es seien f und g zwei Funktionen $\mathbb{R}^+ \to \mathbb{R}$. Was kann man aus

$$\lim_{x \to 0} f(x) = 0$$

folgern?

(1) Es gilt $\lim_{x \to 0} f(x)g(x) = 0$, denn $f(x)g(x) = 0 \cdot g(x) = 0$.
(2) Es gilt $\lim_{x \to 0} f(x)g(x) = \lim_{x \to 0} f(x) \cdot \lim_{x \to 0} g(x) = 0$.
(3) Es gilt $\lim_{x \to 0} f(x)g(x) \neq 0$.
(4) Man kann keines von diesen folgern.

Sätze über stetige Funktionen

In diesem Abschnitt wird bearbeitet:
Zwischenwertsatz, Satz von Maximum und Minimum, Bilder von Intervallen unter stetigen Funktionen

---

A 59 Es sei f eine Funktion $\mathbb{R} \to \mathbb{R}$ mit $f(1) = 1$. Aus welcher Aussage kann man schließen, dass f eine Nullstelle haben muss?

(1) f ist stetig und $f(10) = -1$.
(2) f ist streng monoton fallend und $f(10) = -1$.
(3) Aus jeder von beiden.
(4) Aus keiner von beiden.

A 60 Wenn eine Funktion $f : [a, b] \to \mathbb{R}$ kein Maximum hat, dann

(1) muss sie unstetig sein,
(2) muss sie unbeschränkt sein,
(3) beides,
(4) keines von beiden.

A 61 Eine Funktion $f : \mathbb{R} \to \mathbb{R}$

(1) hat ein Maximum, wenn sie stetig ist,
(2) hat ein Maximum, wenn sie stetig und beschränkt ist,
(3) hat kein Maximum, wenn sie unstetig ist,
(4) keine dieser Aussagen ist richtig.

A 62 Es sei $f : [0, 1] \cup [2, 3] \to \mathbb{R}$ eine stetige Funktion. Was ist die stärkste Aussage, die man über ihre Bildmenge machen kann?

(1) Sie ist gleich $[f(0), f(3)]$.
(2) Sie ist ein Intervall.
(3) Sie ist gleich $[f(0), f(1)] \cup [f(2), f(3)]$.
(4) Sie ist die Vereinigung zweier Intervalle.

© Springer-Verlag GmbH Deutschland, ein Teil von Springer Nature 2019
T. Bauer, *Verständnisaufgaben zur Analysis 1 und 2,*
https://doi.org/10.1007/978-3-662-59703-3_7

Differenzierbarkeit und Mittelwertsatz

In diesem Abschnitt wird bearbeitet:
Differenzierbare Funktionen, Bedeutung des Mittelwertsatzes, Kriterien für
Monotonie von Funktionen

A 63 Wir betrachten die Funktion

$$f : \mathbb{R} \to \mathbb{R}$$
$$x \mapsto \begin{cases} \sqrt{x}, & \text{falls } x \geqslant 0 \\ -\sqrt{-x}, & \text{falls } x < 0 \end{cases}$$

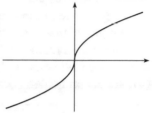

(1) f ist im Nullpunkt differenzierbar, und die Tangente im Nullpunkt ist die x-Achse.

(2) f ist im Nullpunkt differenzierbar, und die Tangente im Nullpunkt ist die y-Achse.

(3) f ist im Nullpunkt nicht differenzierbar, und es gilt

$$\lim_{\substack{x \to 0 \\ x \neq 0}} f'(x) = 0 \,.$$

(4) f ist im Nullpunkt nicht differenzierbar, und es gilt

$$\lim_{\substack{x \to 0 \\ x \neq 0}} f'(x) = \infty \,.$$

A 64 Welche Argumentation ist korrekt?

(1) Die Funktion $\mathbb{R} \to \mathbb{R}$, $x \mapsto |x|^2$, ist differenzierbar, weil $x \mapsto |x|$
differenzierbar ist.

(2) Sie ist nicht differenzierbar, weil $x \mapsto |x|$ nicht differenzierbar
ist.

(3) Jede von beiden ist korrekt.

(4) Keine von beiden ist korrekt.

© Springer-Verlag GmbH Deutschland, ein Teil von Springer Nature 2019
T. Bauer, *Verständnisaufgaben zur Analysis 1 und 2*,
https://doi.org/10.1007/978-3-662-59703-3_8

A 65   Die Funktion $f : [a, b] \to \mathbb{R}$ sei auf $[a, b]$ stetig und auf $]a, b[$ differenzierbar. Wie lässt sich die Aussage des Mittelwertsatzes formulieren?

(1) Es gibt eine Stelle c zwischen a und b, an der die Steigung der Tangente an den Graphen von f gleich dem Abstand zwischen $f(a)$ und $f(b)$ ist.

(2) Es gibt eine Stelle c zwischen a und b, an der die Steigung der Tangente an den Graphen von f gleich der Steigung der Gerade durch die Punkte $(a, f(a))$ und $(b, f(b))$ ist.

(3) Beides sind korrekte Formulierungen.

(4) Keine von beiden Formulierungen ist korrekt.

A 66   Seien f und g zwei differenzierbare Funktionen $[a, b] \to \mathbb{R}$. Angenommen, wir wissen, dass

$$f(a) = g(a) \quad \text{und} \quad f(b) = g(b)$$

gilt. Was kann man daraus folgern?

(1) Es gibt eine Stelle $c \in [a, b]$, an der die Tangenten an f und g dieselbe Steigung haben.

(2) Es gibt eine Stelle $c \in [a, b]$, an der die Tangenten an f und g verschiedene Steigungen haben.

(3) Man kann beides folgern.

(4) Man kann keines von beiden folgern.

A 67   Es sei $f : [0, 1] \to \mathbb{R}$ eine differenzierbare Funktion mit

$$f(0) = 0 \quad \text{und} \quad f(1) = 1 .$$

Was kann man über f mit Sicherheit behaupten?

(1) Es gibt ein $\xi \in [0, 1]$ mit $f'(\xi) = 0$.

(2) Es gibt ein $\eta \in [0, 1]$ mit $f'(\eta) = 1$.

(3) Es gibt sowohl ein solches ξ als auch ein solches η.

(4) Es muss weder ein solches ξ noch ein solches η geben.

A 68 Es sei $f : I \to \mathbb{R}$ eine differenzierbare Funktion auf einem Intervall $I \subset \mathbb{R}$. Was ist das stärkste der folgenden logischen Symbole, das anstelle von $\overset{?}{\text{—}}$ im Ausdruck

$$f \text{ ist monoton steigend} \quad \overset{?}{\text{—}} \quad \forall x \in I : f'(x) \geqslant 0$$

eingesetzt werden kann, so dass eine wahre Aussage entsteht?

(1) $\implies$

(2) $\impliedby$

(3) $\iff$

(4) keines von diesen

A 69 Es sei $f : I \to \mathbb{R}$ eine differenzierbare Funktion auf einem Intervall $I \subset \mathbb{R}$. Was ist das stärkste der folgenden logischen Symbole, das anstelle von $\overset{?}{\text{—}}$ im Ausdruck

$$f \text{ ist streng monoton steigend} \quad \overset{?}{\text{—}} \quad \forall x \in I : f'(x) > 0$$

eingesetzt werden kann, so dass eine wahre Aussage entsteht?

(1) $\implies$

(2) $\impliedby$

(3) $\iff$

(4) keines von diesen

Extrema und Satz von l'Hospital

In diesem Abschnitt wird bearbeitet:
Ableitungskriterien für lokale Extrema, Verwendung der Regel von l'Hospital

---

A 70 Die Funktion

$$f : \mathbb{R} \to \mathbb{R}, \quad x \mapsto x^3$$

ist ein Beispiel dafür, dass eine zweimal differenzierbare Funktion an der Stelle 0

(1) kein lokales Extremum haben muss, wenn $f'(0) = 0$ und $f''(0) = 0$ gilt,
(2) kein lokales Extremum haben muss, wenn $f'(0) = 0$ und $f''(0) \neq 0$ gilt,
(3) ein lokales Extremum hat, wenn $f'(0) = 0$ und $f''(0) = 0$ gilt,
(4) ein lokales Extremum hat, wenn $f'(0) = 0$ und $f''(0) \neq 0$ gilt.

A 71 Die Funktion

$$f : \mathbb{R} \to \mathbb{R}, \quad x \mapsto x^4$$

ist ein Beispiel dafür, dass eine zweimal differenzierbare Funktion an der Stelle 0

(1) kein lokales Extremum hat, wenn $f'(0) = 0$ und $f''(0) = 0$ ist,
(2) kein lokales Extremum haben muss, wenn $f'(0) = 0$ und $f''(0) \neq 0$ ist,
(3) ein lokales Extremum haben kann, wenn $f'(0) = 0$ und $f''(0) = 0$ ist,
(4) ein lokales Extremum hat, wenn $f'(0) = 0$ und $f''(0) \neq 0$ ist.

© Springer-Verlag GmbH Deutschland, ein Teil von Springer Nature 2019
T. Bauer, *Verständnisaufgaben zur Analysis 1 und 2*,
https://doi.org/10.1007/978-3-662-59703-3_9

A72 Es sei $f : \mathbb{R} \to \mathbb{R}$ eine zweimal differenzierbare Funktion mit $f''(0) = 0$. Dann

(1) muss f in 0 ein lokales Extremum haben,
(2) kann f in 0 ein lokales Extremum haben,
(3) hat f in 0 kein lokales Extremum,
(4) muss f in 0 sowohl ein lokales Maximum als auch ein lokales Minimum haben.

A73 Jemand macht folgende Rechnung:

$$\lim_{x \searrow 0} \frac{\cos x}{\sin x} = \lim_{x \searrow 0} \frac{\cos' x}{\sin' x} = \lim_{x \searrow 0} \frac{-\sin x}{\cos x} = \frac{0}{1} = 0$$

(1) Das ist richtig. Im ersten Schritt wurde verwendet, dass $\cos' x = \cos x$ und $\sin' x = \sin x$ gilt.
(2) Das ist richtig. Im ersten Schritt wurde die Regel von l'Hospital angewendet.
(3) Das ist falsch. Die erste Gleichung gilt nicht.
(4) Das ist falsch. In der zweiten Gleichung wurde die Ableitung falsch berechnet.

Funktionenfolgen und Supremumsnorm

In diesem Abschnitt wird bearbeitet:
Supremumsnorm beschränkter Funktionen, punktweise und gleichmäßige Konvergenz, Stetigkeit und Differenzierbarkeit der Grenzfunktion, Konvergenz von Funktionenreihen, Potenzreihen

---

A74   Sei $f : [a, b] \to \mathbb{R}$ stetig. Dann ist die Supremumsnorm $\|f\|$

(1) gleich $|f|$, da der Betrag einer reellen Zahl immer $\geqslant 0$ ist,
(2) eine Funktion, die für jedes $x \in [a, b]$ den Abstand von $f(x)$ zu 0 angibt,
(3) der maximale Abstand, den der Graph von f zur x-Achse hat,
(4) gleich Null, falls f eine Nullstelle hat.

A75   Für welches Phänomen stellt die Funktionenfolge $(f_n)_{n \in \mathbb{N}}$

$$f_n : \mathbb{R} \to \mathbb{R}$$
$$x \mapsto x^n$$

ein Beispiel dar?

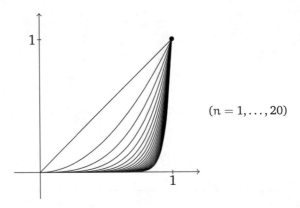

$(n = 1, \dots, 20)$

© Springer-Verlag GmbH Deutschland, ein Teil von Springer Nature 2019
T. Bauer, *Verständnisaufgaben zur Analysis 1 und 2*,
https://doi.org/10.1007/978-3-662-59703-3_10

(1) Die Grenzfunktion einer Folge stetiger Funktionen f_n muss nicht stetig sein, wenn die Konvergenz nicht gleichmäßig ist.

(2) Die Grenzfunktion einer Folge stetiger Funktionen f_n muss nicht stetig sein, selbst wenn die Konvergenz gleichmäßig ist.

(3) Die Grenzfunktion einer Folge von Funktionen f_n ist unstetig, wenn nicht alle Funktionen f_n stetig sind.

(4) Die Grenzfunktion einer Folge von Funktionen f_n kann stetig sein, selbst wenn nicht alle Funktionen f_n stetig sind.

A 76 Jemand untersucht die Reihe

$$\sum_{n=0}^{\infty} \frac{x^n}{(n+1)!}$$

auf Konvergenz und möchte dazu die Abschätzung

$$\left| \frac{x^n}{(n+1)!} \right| \leqslant \left| \frac{x^n}{n!} \right| \qquad (*)$$

nutzen, bei der auf der rechten Seite die Glieder der Exponentialreihe auftreten. Was ist die stärkste Aussage, die er mit Hilfe der Abschätzung $(*)$ aus den Eigenschaften der Exponentialreihe schließen kann?

(1) Die Reihe ist gleichmäßig konvergent.

(2) Die Reihe ist lokal gleichmäßig konvergent.

(3) Die Reihe ist punktweise konvergent.

(4) Er kann keines von diesen schließen.

A 77   Von einer Folge (f_n) differenzierbarer Funktionen $\mathbb{R} \to \mathbb{R}$ und einer weiteren Funktion $f : \mathbb{R} \to \mathbb{R}$ sei bekannt, dass $\|f_n - f\| \leq \frac{1}{n}$ für alle $n \in \mathbb{N}$ gilt. Was ist die stärkste Folgerung, die man hieraus ziehen kann?

(1) Es ist f stetig auf $\mathbb{R}$.

(2) Es ist f differenzierbar auf $\mathbb{R}$.

(3) Es gibt ein $r > 0$, so dass f auf $[-r, r]$ stetig ist.

(4) Es gibt ein $r > 0$, so dass f auf $[-r, r]$ differenzierbar ist.

A 78   Wir möchten beweisen, dass die Funktionenreihe

$$\sum_{n=1}^{\infty} \frac{\cos(nx)}{n^3} \qquad (*)$$

eine differenzierbare Funktion auf $\mathbb{R}$ darstellt. Angenommen, es ist bereits gezeigt, dass die Reihe gleichmäßig konvergent ist. Welches der folgenden zusätzlichen Argumente reicht aus, um den Beweis zu vervollständigen?

(1) Die Reihe $(*)$ ist punktweise konvergent.

(2) Die Reihe $(*)$ ist eine Potenzreihe.

(3) Die Reihe $\sum_{n=1}^{\infty} \frac{\sin(nx)}{n^2}$ ist gleichmäßig konvergent.

(4) Die Reihe $\sum_{n=1}^{\infty} \frac{\sin(nx)}{n^2}$ ist punktweise konvergent.

A 79   Die Reihe $\sum_{n=1}^{\infty} n^n x^n$

(1) stellt auf $\mathbb{R}$ eine differenzierbare Funktion dar,

(2) stellt auf $\mathbb{R}^+$ eine differenzierbare Funktion dar,

(3) stellt auf einem Intervall $[-r, r]$, $r > 0$, eine differenzierbare Funktion dar,

(4) stellt auf keinem Intervall $[-r, r]$, $r > 0$, eine differenzierbare Funktion dar.

Der Satz von Taylor

In diesem Abschnitt wird bearbeitet:
Satz von Taylor, Kriterien für Extrema mittels höherer Ableitungen

---

A 80 Wir betrachten eine Polynomfunktion vom Grad d,

$$f : \mathbb{R} \to \mathbb{R}$$

$$x \mapsto \sum_{k=0}^{d} a_k x^k$$

und bilden ihr n-tes Taylor-Polynom im Nullpunkt (für ein $n \subset \mathbb{N}$):

$$T(x) = \sum_{k=0}^{n} \frac{f^{(k)}(0)}{k!} \cdot x^k$$

Was ist die stärkste richtige Aussage?

(1) Es gilt $f(0) = T(0)$.
(2) Für die höheren Ableitungen von f und T gilt $f^{(k)}(0) = T^{(k)}(0)$ für $k = 0, \dots, n$.
(3) Es gilt $T(x) = f(x)$ für alle $x \in \mathbb{R}$.
(4) Alle drei obigen Aussagen sind richtig.

A 81 Es sei $f : \mathbb{R} \to \mathbb{R}$ eine zweimal differenzierbare Funktion und $a \in \mathbb{R}$. Wir wissen, dass der Graph der Funktion $t : \mathbb{R} \to \mathbb{R}$ mit

$$t(x) = f(a) + f'(a) \cdot (x - a)$$

die Tangente an den Graphen von f an der Stelle a ist. Wir betrachten nun die Differenzfunktion $R : \mathbb{R} \to \mathbb{R}$ mit

$$R(x) := f(x) - t(x).$$

© Springer-Verlag GmbH Deutschland, ein Teil von Springer Nature 2019
T. Bauer, *Verständnisaufgaben zur Analysis 1 und 2*,
https://doi.org/10.1007/978-3-662-59703-3_11

(1) Für alle $x \in \mathbb{R}$ gilt $R(x) = \frac{1}{2}f''(a) \cdot (x - a)$.
(2) Für jedes $x \in \mathbb{R}$ gibt es ein $c \in \mathbb{R}$ mit $R(x) = \frac{1}{2}f''(c) \cdot (x - a)$.
(3) Für alle $x \in \mathbb{R}$ gilt $R(x) = \frac{1}{2}f''(a) \cdot (x - a)^2$.
(4) Für jedes $x \in \mathbb{R}$ gibt es ein $c \in \mathbb{R}$ mit $R(x) = \frac{1}{2}f''(c) \cdot (x - a)^2$.

A 82   Für eine Funktion $f \in \mathcal{C}^3(\mathbb{R})$ gelte

$$f'(0) = f''(0) = 0 \quad \text{und} \quad f'''(0) > 0.$$

Dann

(1) hat f in 0 ein lokales Maximum,
(2) hat f in 0 ein lokales Minimum,
(3) hat f in 0 kein lokales Extremum,
(4) kann f in 0 ein lokales Extremum haben oder nicht, das hängt von f ab.

A 83   Jemand sagt: Ob eine Funktion $f \in \mathcal{C}^\infty(I)$ ($I \subset \mathbb{R}$ ein Intervall), $f \neq 0$, an einer Stelle $a \in I$ ein lokales Extremum hat, kann man dadurch feststellen, dass man das kleinste $n \in \mathbb{N}$ sucht, für das gilt:

$$f'(a) = \ldots = f^{(n)}(a) = 0$$
$$f^{(n+1)}(a) \neq 0$$

(1) Das stimmt so.
(2) Das gilt, wenn $I = \mathbb{R}$ ist.
(3) Das gilt, wenn f eine Polynomfunktion ist.
(4) Das gilt nur dann, wenn f eine Polynomfunktion ist.

Integrierbarkeit, Riemann-Summen, Obersummen und Untersummen

In diesem Abschnitt wird bearbeitet:
Charakterisierung der Integrierbarkeit mittels Riemann-Summen und mittels Ober- und Untersummen, Bezüge zwischen den Eigenschaften Integrierbarkeit, Stetigkeit, Monotonie, Beschränktheit

---

A 84 Was repräsentieren die Rechtecke, die im nachfolgenden Bild zu einer Funktion f eingezeichnet sind?

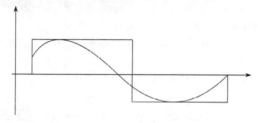

(1) eine Untersumme zu f,
(2) eine Obersumme zu f,
(3) eine Riemann-Summe zu f.
(4) Sowohl (2) als auch (3) treffen zu.

A 85 Eine Riemann-Summe zu einer Funktion $f : [a, b] \to \mathbb{R}$ ist

(1) eine (orientierte) Rechtecksfläche,
(2) eine Summe von (orientierten) Rechtecksflächen,
(3) eine Folge von (orientierten) Rechtecksflächen,
(4) ein Grenzwert von (orientierten) Rechtecksflächen.

© Springer-Verlag GmbH Deutschland, ein Teil von Springer Nature 2019
T. Bauer, *Verständnisaufgaben zur Analysis 1 und 2*,
https://doi.org/10.1007/978-3-662-59703-3_12

A 86 Wenn man weiß, dass $(S_k)_{k \in \mathbb{N}} = (S(f, Z_k, \xi_k))_{k \in \mathbb{N}}$ eine Riemann-Folge zu einer Funktion $f : [a, b] \to \mathbb{R}$ ist, dann

(1) zerlegt Z_k das Intervall in k Teilintervalle,
(2) zerlegt Z_{k+1} das Intervall in mehr Teilintervalle als Z_k,
(3) geht die Anzahl der Teilintervalle, die bei Z_k vorliegen, für k $\to$ ∞ gegen unendlich.
(4) Alle drei Aussagen sind richtig.

A 87 Die Dirichlet-Funktion ist nicht integrierbar,

(1) weil sie nicht stetig ist,
(2) weil sie in jedem Teilintervall von $[0, 1]$ sowohl rationale als auch irrationale Werte annimmt,
(3) weil sie in jedem Teilintervall von $[0, 1]$ beide Werte 0 und 1 annimmt.
(4) Es sind (1) und (3) richtig.

A 88 Das Riemannsche Integrabilitätskriterium besagt, dass eine Funktion $f : [a, b] \to \mathbb{R}$ genau dann Riemann-integrierbar ist, wenn sie beschränkt ist und

(1) die Untersummen mit den Obersummen übereinstimmen,
(2) es eine Zerlegung gibt, bezüglich der Unter- und Obersumme gleich sind,
(3) der Abstand zwischen Ober- und Untersumme beliebig klein ist, wenn man geeignete Zerlegungen wählt.
(4) Es sind (2) und (3) richtig.

A 89 Die Funktion $f : [0, 1] \to \mathbb{R}$ mit dem Graphen

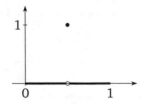

(1) ist nicht integrierbar, weil sie weder stetig noch monoton ist,
(2) ist integrierbar, weil es Zerlegungen Z_k gibt, bei denen die Untersumme gleich $-1/k$ und die Obersumme gleich $1/k$ ist,
(3) ist nicht integrierbar, weil alle Untersummen gleich 0 sind und alle Obersummen gleich 1 sind,
(4) ist integrierbar, weil es Zerlegungen Z_k gibt, bei denen die Untersumme gleich 0 und die Obersumme gleich $1/k$ ist.

A 90 Welche der folgenden Implikationen gelten für eine Funktion $f : [a, b] \to \mathbb{R}$?

(1) f ist stetig $\implies$ f ist beschränkt $\implies$ f ist integrierbar
(2) f ist stetig $\implies$ f ist integrierbar $\implies$ f ist beschränkt
(3) f ist integrierbar $\implies$ f ist stetig $\implies$ f ist beschränkt
(4) f ist integrierbar $\implies$ f ist beschränkt $\implies$ f ist stetig.

A 91 Welches der folgenden Diagramme gibt die Inklusionen zwischen der Menge der stetigen Funktionen, der Menge der monotonen Funktionen und der Menge der integrierbaren Funktionen korrekt wieder?

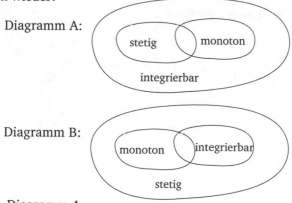

Diagramm A:

stetig   monoton

integrierbar

Diagramm B:

monoton   integrierbar

stetig

(1) Diagramm A,
(2) Diagramm B,
(3) beide sind korrekt,
(4) keines von beiden ist korrekt.

Eigenschaften des Integrals

In diesem Abschnitt wird bearbeitet:
Riemann-Integral, Bezug zu Flächeninhalten, Umgang mit Integrierbarkeit
bei Produkten, Deutung von Grenzwerten als Integrale

A 92 Es sei die Funktion $f : [a, b] \to \mathbb{R}$ Riemann-integrierbar. Welches Vorgehen liefert den Integralwert $\int_a^b f$?

(1) Man bildet eine Riemann-Summe, deren zugrunde liegende Zerlegung genügend viele Teilpunkte hat.

(2) Man nimmt den Grenzwert einer Folge von Riemann-Summen, deren Feinheiten gegen Null gehen.

(3) Man bildet eine unendliche Reihe aus Rechtecksflächen, indem man das Intervall $[a, b]$ in unendlich viele Teilintervalle zerlegt.

(4) Es sind (2) und (3) beide richtig.

A 93 Im folgenden Bild ist der Graph einer stetigen Funktion f zu sehen.

Wir betrachten zu festem a die Integralfunktion

$$F : x \mapsto \int_a^x f(t)\, dt.$$

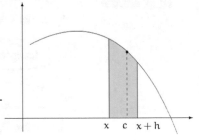

Welche Aussage über den Ausdruck

$$\frac{F(x + h) - F(x)}{h}$$

ist richtig?

© Springer-Verlag GmbH Deutschland, ein Teil von Springer Nature 2019
T. Bauer, *Verständnisaufgaben zur Analysis 1 und 2*,
https://doi.org/10.1007/978-3-662-59703-3_13

(1) Er gibt den Flächeninhalt des farblich markierten Flächenstücks an.

(2) Er ist gleich dem Funktionswert $f(c)$ für ein geeignetes c zwischen x und $x + h$.

(3) Beides ist richtig.

(4) Keines von beiden ist richtig.

A 94 Es sei $f : [0, 1] \to \mathbb{R}$ die Dirichlet-Funktion

$$x \mapsto \begin{cases} 0, & \text{falls } x \in [0, 1] \cap \mathbb{Q} \\ 1, & \text{sonst} \end{cases}$$

und g die Funktion $1 - f$. Die Funktion $f \cdot g$ ist dann die Nullfunktion. Wie kann man argumentieren?

(1) Da die Nullfunktion integrierbar ist, sind auch f und g integrierbar.

(2) Da f und g nicht integrierbar sind, ist auch $f \cdot g$ nicht integrierbar.

(3) Beide Schlüsse sind korrekt.

(4) Keiner von beiden Schlüssen ist korrekt.

A 95 Sei $f : [0, 1] \to \mathbb{R}$ eine integrierbare Funktion. Dann sind die beiden Grenzwerte

$$\lim_{n \to \infty} \frac{1}{n} \sum_{i=0}^{n-1} f\left(\tfrac{i}{n}\right) \quad \text{und} \quad \lim_{n \to \infty} \frac{1}{n} \sum_{i=1}^{n} f\left(\tfrac{i}{n}\right)$$

(1) immer gleich,

(2) genau dann gleich, wenn f stetig ist,

(3) auch für stetiges f nicht unbedingt gleich (es hängt von f ab),

(4) gleich, nur wenn f eine monotone Funktion ist.

A 96   Welche Aussagen über eine integrierbare Funktion
$f : [a, b] \to \mathbb{R}$ sind wahr?

(1) Aus $f = 0$ folgt $\int\limits_a^b f = 0$.

(2) Aus $\int\limits_a^b f = 0$ folgt $f = 0$.

(3) Aus $\int\limits_a^b |f| = 0$ folgt $f = 0$.

(4) (1) und (3) sind wahr.

Stammfunktionen und Integralfunktionen, Hauptsatz

In diesem Abschnitt wird bearbeitet:
Menge aller Stammfunktionen zu einer Funktion, Integralberechnung mit Stammfunktionen, Verwendung des Hauptsatzes der Differential- und Integralrechnung

---

A 97 Welche Aussage über die Sinusfunktion $\sin : \mathbb{R} \to \mathbb{R}$ und die Kosinusfunktion $\cos : \mathbb{R} \to \mathbb{R}$ ist richtig?

(1) sin ist die einzige Stammfunktion zu cos.

(2) sin ist die einzige Stammfunktion zu cos, die im Nullpunkt den Wert 0 hat.

(3) Es gibt unendlich viele Stammfunktionen zu cos, die im Nullpunkt den Wert 0 haben.

(4) Keine dieser Aussagen ist wahr.

A 98 Jemand führt folgende Integralberechnung durch:

$$\int_0^1 x^2 \, dx = \left[\frac{1}{3}x^3 \right]_0^1 = \frac{1}{3}1^3 - \frac{1}{3}0^3 = \frac{1}{3}$$

Was ist die wesentliche Information, die in diese Rechnung eingeht?

(1) Das Integral $\int_0^1 x^2 \, dx$ ist der Flächeninhalt unter dem Graphen der Funktion $x \mapsto x^2$ im Intervall $[0, 1]$.

(2) $x \mapsto x^3$ ist eine Stammfunktion von $x \mapsto x^2$.

(3) Die Integralfunktion $x \mapsto \int_0^x t^2 \, dt$ ist eine Stammfunktion ihres Integranden.

(4) Alle diese Aussagen gehen in die Rechnung ein.

© Springer-Verlag GmbH Deutschland, ein Teil von Springer Nature 2019
T. Bauer, *Verständnisaufgaben zur Analysis 1 und 2*,
https://doi.org/10.1007/978-3-662-59703-3_14

A 99   Für zwei stetige Funktionen f und g auf $\mathbb{R}$ und festes $a \in \mathbb{R}$ gelte

$$\int\limits_a^x f(t)\,dt = \int\limits_a^x g(t)\,dt \qquad \text{für alle } x \in \mathbb{R}.$$

Was ist die stärkste Aussage, die man hieraus folgern kann?

(1) Dann folgt durch Integrieren $f'(x) = g'(x)$ und daraus $f(x) = g(x)$ für alle x.

(2) Dann folgt durch Integrieren $f'(x) = g'(x)$ und daraus $f(x) = g(x) + c$ für alle x, wobei c eine geeignete Konstante ist.

(3) Dann folgt durch Ableiten $f(x) = g(x)$ für alle $x \in \mathbb{R}$.

(4) Dann folgt durch Ableiten $f(x) = g(x)$ für alle x bis auf eventuell endlich viele Stellen.

Uneigentliche Integrale

In diesem Abschnitt wird bearbeitet:
Existenz und Berechnung uneigentlicher Riemann-Integrale, Bezug zur Beschränktheit von Funktionen

---

A 100   Welche Aussage über das uneigentliche Integral

$$\int\limits_{0}^{\infty} \sin(x)\, dx$$

trifft zu?

(1) Es hat den Wert 2, denn sin ist periodisch, und es gilt

$$\int\limits_{0}^{\pi} \sin(x)\, dx = \Big[-\cos(x)\Big]_{0}^{\pi} = -(-1)-(-1) = 2\,.$$

(2) Es hat den Wert Null, denn

$$\int\limits_{0}^{\infty} \sin(x)\, dx = \lim_{n\to\infty} \int\limits_{0}^{n\cdot 2\pi} \sin(x)\, dx = 0\,.$$

(3) Es existiert nicht, weil

$$\int\limits_{0}^{\infty} \sin(x)\, dx = \lim_{b\to\infty} \int\limits_{0}^{b} \sin(x)\, dx$$

nicht existiert.

(4) Es existiert nicht, weil der Integrand unbeschränkt ist.

© Springer-Verlag GmbH Deutschland, ein Teil von Springer Nature 2019
T. Bauer, *Verständnisaufgaben zur Analysis 1 und 2*,
https://doi.org/10.1007/978-3-662-59703-3_15

A 101   Betrachten Sie die folgenden Aussagen:

(A) Die Logarithmusfunktion $\mathbb{R}^+ \to \mathbb{R}$, $x \mapsto \ln x$, ist unbeschränkt.

(B) Es gilt

$$\int\limits_0^1 \ln x \, dx = -1 \, .$$

(C) Riemann-integrierbare Funktionen sind beschränkt.

Welche der folgenden Überlegungen ist richtig?

(1) Wegen (A) und (B) ist die Logarithmusfunktion ein Beispiel für eine Riemann-integrierbare Funktion, die nicht beschränkt ist. Das steht im Widerspruch zu (C).

(2) Es ist kein Widerspruch, denn (B) ist falsch.

(3) Es ist kein Widerspruch, denn es gilt zwar $\ln x \xrightarrow[x \to \infty]{} \infty$, dies spielt aber keine Rolle, denn es wird nur über $[0, 1]$ integriert und dort ist ln beschränkt.

(4) Es ist kein Widerspruch, denn in (B) steht kein Riemann-Integral.

2

Aufgaben zur Analysis 2

Metrische Räume

In diesem Abschnitt wird bearbeitet:
Metriken und metrische Räume, Vergleich von Metriken, offene Mengen, abgeschlossene Mengen, Umgebungen von Punkten, Inneres und Rand einer Menge

Wir beziehen uns in den folgenden Aufgaben auf die definierenden Eigenschaften einer Metrik auf einer Menge X: Eine *Metrik* ist eine Abbildung

$$d : X \times X \to \mathbb{R}, \quad (x, y) \mapsto d(x, y),$$

so dass gilt:

(M1) Für $x, y \in X$ gilt $d(x, y) = 0$ genau dann, wenn $x = y$ gilt.
(M2) Für alle $x, y \in X$ gilt $d(x, y) = d(y, x)$ *(Symmetrie)*.
(M3) Für alle $x, y, z \in X$ gilt $d(x, z) \leqslant d(x, y) + d(y, z)$.
      (Dreiecksungleichung).

Die Menge bildet dann zusammen mit der Metrik d einen *metrischen Raum* (X, d).

A 102 Wir betrachten die Menge $X = \{$Tisch, Tür, Fenster$\}$ und die Abbildung

$$d : X \times X \to \mathbb{R}$$

$$(x, y) \mapsto d(x, y) := \begin{cases} 0, & \text{falls } x \text{ und } y \text{ denselben} \\ & \text{Anfangsbuchstaben haben} \\ 1, & \text{sonst} \end{cases}$$

(1) d ist eine Metrik auf X, es sind (M1), (M2) und (M3) erfüllt.
(2) d ist eine Metrik auf X, es sind (M2) und (M3) erfüllt.
(3) d ist keine Metrik auf X, denn (M1) ist verletzt.
(4) d ist keine Metrik auf X, denn (M3) ist verletzt.

© Springer-Verlag GmbH Deutschland, ein Teil von Springer Nature 2019
T. Bauer, *Verständnisaufgaben zur Analysis 1 und 2*,
https://doi.org/10.1007/978-3-662-59703-3_16

A 103   Wir betrachten die Menge $X = \{\text{Tisch, Tür, Fenster}\}$ und die Abbildung

$$d : X \times X \to \mathbb{R}$$
$$(x, y) \mapsto d(x, y) := \big| \text{Länge des Worts } x - \text{Länge des Worts } y \big|$$

(1) d ist keine Metrik auf X, da (M1) nicht erfüllt ist.
(2) d ist keine Metrik auf X, da (M3) nicht erfüllt ist.
(3) d ist eine Metrik auf X. Das wäre immer noch erfüllt, wenn man „Tür" durch „Stuhl" ersetzen würde.
(4) d ist eine Metrik auf X. Das wäre nicht mehr erfüllt, wenn man „Tür" durch „Stuhl" ersetzen würde.

A 104   Wir definieren für $x, y \in \mathbb{R}$

$$d(x, y) := |x + y|$$

Dies definiert keine Metrik auf $\mathbb{R}$, denn

(1) (M1) und (M2) sind nicht erfüllt,
(2) (M1) und (M3) sind nicht erfüllt,
(3) (M2) und (M3) sind nicht erfüllt,
(4) nur (M3) ist nicht erfüllt.

A 105   Wir betrachten für Punkte $x, y \in \mathbb{R}^2$

den euklidischen Abstand $d_2(x, y) := \|x - y\|_2$
und den „Taxi-Abstand" $d_1(x, y) := \|x - y\|_1$

(1) Der euklidische Abstand ist immer größer als der Taxi-Abstand.
(2) Der euklidische Abstand ist immer kleiner als der Taxi-Abstand.
(3) Der euklidische Abstand kann (abhängig von x, y) größer oder kleiner als der Taxi-Abstand sein.
(4) Der euklidische Abstand kann (abhängig von x, y) gleich dem Taxi-Abstand sein.

A 106 Welche der folgenden Mengen ist in $(\mathbb{R}^2, d_2)$ *nicht* offen?

(1) $U_1(0)$
(2) $]0, 1[\times]0, 1[$
(3) $\left\{ (x, y) \in \mathbb{R}^2 \mid x^2 + y^2 \leqslant 1 \right\}$
(4) $\left\{ (x, y) \in \mathbb{R}^2 \mid x^2 + y^2 < 1 \right\}$

A 107 In $\mathbb{R}^n$ ist die Menge $\mathbb{R}^n$ bezüglich jeder Metrik

(1) offen, aber nicht abgeschlossen,
(2) abgeschlossen, aber nicht offen,
(3) offen und abgeschlossen,
(4) weder offen noch abgeschlossen.

A 108 Welche Menge ist in $(\mathbb{R}, d_2)$ *keine* Umgebung des Punkts 1?

(1) $[0, 2]$
(2) $]0, 2[$
(3) $[1, 2]$
(4) $[0, 2] \cup [3, 4]$

A 109 Wir betrachten in $\mathbb{R}^2$ die Menge

$$Y := \left\{ \text{alle Punkte in } [0, 1]^2, \text{ die rationale Koordinaten haben} \right\}$$
$$= \left\{ (a, b) \mid 0 \leqslant a \leqslant 1, \ 0 \leqslant b \leqslant 1, \ a \in \mathbb{Q}, \ b \in \mathbb{Q} \right\}$$
$$= [0, 1]^2 \cap \mathbb{Q}^2.$$

Für das Innere $\mathring{Y}$ von Y gilt dann:

(1) $\mathring{Y} = \varnothing$
(2) $\mathring{Y} = [0, 1]^2$
(3) $\mathring{Y} =]0, 1[^2$
(4) $\mathring{Y} = Y$

Y

A 110   Wir betrachten in $\mathbb{R}^2$ die Menge

$Y := \{\text{alle Punkte in } [0,1]^2, \text{ die rationale Koordinaten haben}\}$
$\quad = [0,1]^2 \cap \mathbb{Q}^2.$

Für den Rand

$$\partial Y = \overline{Y} \setminus \mathring{Y}$$

Y

gilt dann:

(1) $\partial Y = \varnothing$
(2) $\partial Y = [0,1]^2$
(3) $\partial Y = \{0,1\} \times [0,1] \cup [0,1] \times \{0,1\}$
(4) $\partial Y = Y$

Grenzwerte und Stetigkeit

In diesem Abschnitt wird bearbeitet:
Konvergenz von Folgen in $\mathbb{R}^n$, stetige Funktionen, Bezug zu offenen und abgeschlossenen Mengen

Wenn im $\mathbb{R}^n$ metrische Begriffe (*Abstand, offen, abgeschlossen, konvergent, ...*) verwendet werden und keine Metrik genannt ist, dann ist stillschweigend die *euklidische Metrik* gemeint.

A 111 Das folgende Bild zeigt die Folge

$$(a_n)_{n \in \mathbb{N}} = \left(\cos\left(\tfrac{n\pi}{100}\right), \tfrac{1}{n} \right)_{n \in \mathbb{N}}$$

in $\mathbb{R}^2$.

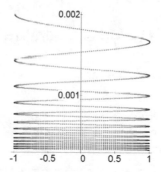

Sie ist

(1) konvergent, da sie beschränkt und monoton fallend ist,
(2) konvergent, da die Folgenglieder a_n beliebig nahe an der x-Achse liegen, wenn n hinreichend groß ist,
(3) divergent, da $\left(\cos\left(\tfrac{n\pi}{100}\right)\right)$ divergent ist,
(4) divergent, da $a_n \neq (0,0)$ für alle $n \in \mathbb{N}$ gilt.

© Springer-Verlag GmbH Deutschland, ein Teil von Springer Nature 2019
T. Bauer, *Verständnisaufgaben zur Analysis 1 und 2*,
https://doi.org/10.1007/978-3-662-59703-3_17

A 112   Die Folge $a_n := (\frac{1}{n}, e^{-n})_{n \in \mathbb{N}}$ in $\mathbb{R}^2$ konvergiert gegen $(0,0)$. Mit welchem Argument kann man dies begründen?

(1) Die beiden Komponentenfolgen $(\frac{1}{n})_{n \in \mathbb{N}}$ und $(e^{-n})_{n \in \mathbb{N}}$ sind Nullfolgen in $\mathbb{R}$.

(2) Es gilt

$$\|a_n - (0,0)\|_2 = \left\| (\tfrac{1}{n}, e^{-n}) \right\|_2 = \sqrt{\left(\tfrac{1}{n}\right)^2 + (e^{-n})^2} \xrightarrow[n \to \infty]{} 0.$$

(3) Man kann es mit jedem dieser Argumente begründen.

(4) Keines dieser Argumente eignet sich als Begründung.

A 113   Es sei $f : \mathbb{R}^2 \to \mathbb{R}$ eine Funktion, für die gilt

$$f(0,0) = 1$$

$$f\left(\tfrac{1}{n}, \tfrac{1}{n}\right) = \frac{1}{1 + \frac{1}{n}} \qquad \text{für alle } n \in \mathbb{N}.$$

Was lässt sich daraus schließen?

(1) f ist in $(0,0)$ stetig.

(2) f ist in $(0,0)$ unstetig.

(3) Jedes von beiden lässt sich schließen.

(4) Keines von beiden lässt sich schließen.

A 114   Man kann sich überlegen, dass die Determinantenabbildung

$$\det : M_n(\mathbb{R}) \to \mathbb{R}, \quad A \to \det A,$$

die einer $(n \times n)$-Matrix ihre Determinante zuordnet, eine stetige Abbildung ist. Was lässt sich daraus folgern?

(1) Die Menge aller invertierbaren Matrizen in $M_n(\mathbb{R})$ ist eine offene Teilmenge von $M_n(\mathbb{R})$.

(2) Die Menge aller invertierbaren Matrizen in $M_n(\mathbb{R})$ ist eine abgeschlossene Teilmenge von $M_n(\mathbb{R})$.

(3) Beides lässt sich folgern.
(4) Keines von beiden lässt sich folgern.

A 115 Mit welchem der folgenden Argumente kann man begründen, dass bezüglich jeder Norm $\|\cdot\|$ die Einheitssphären

$$\{x \in \mathbb{R}^n \mid \|x\| = 1\}$$

abgeschlossene Teilmengen von $\mathbb{R}^n$ sind?

(1) Sie sind die Bildmenge der stetigen Abbildung $x \mapsto \|x\|$.
(2) Sie sind Urbild (Urbildmenge) einer abgeschlossenen Menge unter der stetigen Abbildung $x \mapsto \|x\|$.
(3) Jedes dieser Argumente ist geeignet.
(4) Keines dieser Argumente ist geeignet.

Die diskrete Metrik

In diesem Abschnitt wird bearbeitet:
ε-Umgebungen, offene Mengen, abgeschlossene Mengen, Konvergenz von Folgen bezüglich der diskreten Metrik

Auf eine beliebigen Menge X kann man die *diskrete* Metrik d_0 definieren, indem man für $x, y \in X$ setzt:

$$d_0(x, y) := \begin{cases} 0, & \text{falls } x = y \\ 1, & \text{falls } x \neq y \end{cases}$$

Jede Menge X wird also durch d_0 zu einem metrischen Raum.

Wir arbeiten in diesem Abschnitt mit der diskreten Metrik, weil dies dabei helfen kann, die metrischen Begriffe auf abstrakter Ebene zu verstehen – man löst sich hier von den gewohnten Gegebenheiten der euklidischen Metrik.

A 116 Wir arbeiten in $\mathbb{R}^2$ mit der diskreten Metrik d_0 und betrachten für $a \in \mathbb{R}^2$ und $\varepsilon > 0$ die zu dieser Metrik gehörenden ε-Umgebungen

$$U_\varepsilon(a) = \left\{ x \in \mathbb{R}^2 \mid d_0(x, a) < \varepsilon \right\}.$$

(1) Es gilt $U_\varepsilon(a) = \varnothing$ für alle a und alle ε.
(2) Es gilt $U_\varepsilon(a) = \mathbb{R}^2$ für alle a und alle ε.
(3) Es gilt $U_\varepsilon(a) = \varnothing$ für $\varepsilon < 1$ und $U_\varepsilon(a) = \{a\}$ für $\varepsilon \geqslant 1$.
(4) Es gilt $U_\varepsilon(a) = \{a\}$ für $\varepsilon < 1$ und $U_\varepsilon(a) = \mathbb{R}^2$ für $\varepsilon \geqslant 1$.

A 117 Wir arbeiten in $\mathbb{R}^2$ mit der diskreten Metrik d_0.

(1) Jede Teilmenge $U \subset \mathbb{R}^2$ ist offen und abgeschlossen.
(2) Jede Teilmenge $U \subset \mathbb{R}^2$ ist offen, aber nicht jede ist abgeschlossen.

© Springer-Verlag GmbH Deutschland, ein Teil von Springer Nature 2019
T. Bauer, *Verständnisaufgaben zur Analysis 1 und 2*,
https://doi.org/10.1007/978-3-662-59703-3_18

(3) Jede Teilmenge $U \subset \mathbb{R}^2$ ist abgeschlossen, aber nicht jede ist offen.

(4) Die einzigen Teilmengen $U \subset \mathbb{R}^2$, die zugleich offen und abgeschlossen sind, sind $\mathbb{R}^2$ und $\varnothing$.

A 118 In $\mathbb{R}^n$ konvergieren bezüglich der diskreten Metrik

(1) genau die Folgen, die bezüglich der euklidischen Metrik konvergieren,

(2) Folgen, die ab einem Index konstant sind,

(3) alle Folgen,

(4) keine Folgen.

Vollständigkeit

In diesem Abschnitt wird bearbeitet:
vollständige metrische Räume, Cauchy-Folgen in $\mathbb{Q}$

A 119 Wir betrachten den metrischen Raum $(]0, \infty[, d_2)$, wobei d_2 die euklidische Metrik ist (Einschränkung der euklidischen Metrik von $\mathbb{R}$).

(1) Dies ist ein vollständiger metrischer Raum, da $\mathbb{R}$ vollständig ist.
(2) Dies ist ein vollständiger metrischer Raum, da jede Cauchy-Folge in $]0, \infty[$ eine konvergente Folge ist.
(3) Dies ist kein vollständiger metrischer Raum, da das Intervall nicht in $\mathbb{R}$ abgeschlossen ist.
(4) Dies ist kein vollständiger metrischer Raum, da das Intervall nicht beschränkt ist.

A 120 Es gilt
$$\lim_{n\to\infty} \left(1 + \tfrac{1}{n}\right)^n = e.$$

Dies zeigt, dass der Körper $\mathbb{Q}$ nicht vollständig ist, denn die Folge $((1 + \tfrac{1}{n})^n)_{n\in\mathbb{N}}$

(1) ist eine Cauchy-Folge in $\mathbb{Q}$, aber sie ist nicht konvergent in $\mathbb{Q}$,
(2) ist eine Cauchy-Folge in $\mathbb{Q}$, und sie ist konvergent in $\mathbb{Q}$,
(3) ist keine Cauchy-Folge in $\mathbb{Q}$, aber konvergent in $\mathbb{Q}$,
(4) ist keine Cauchy-Folge in $\mathbb{Q}$, und nicht konvergent in $\mathbb{Q}$.

A 121 Wir arbeiten auf dem $\mathbb{R}^2$ mit der diskreten Metrik d_0.

(1) In $(\mathbb{R}^2, d_0)$ ist jede Folge eine Cauchy-Folge.
(2) In $(\mathbb{R}^2, d_0)$ gibt es keine Cauchy-Folgen.
(3) In $(\mathbb{R}^2, d_0)$ ist jede Cauchy-Folge konvergent.
(4) In $(\mathbb{R}^2, d_0)$ ist nicht jede Cauchy-Folge konvergent.

© Springer-Verlag GmbH Deutschland, ein Teil von Springer Nature 2019
T. Bauer, *Verständnisaufgaben zur Analysis 1 und 2*,
https://doi.org/10.1007/978-3-662-59703-3_19

Kontraktionen

In diesem Abschnitt wird bearbeitet:
Kontraktionen (kontrahierende Abbildungen), Fixpunkte von Abbildungen

---

A 122 Sei $n \geqslant 2$. Die lineare Abbildung $f : \mathbb{R}^n \to \mathbb{R}^n$

$$\begin{pmatrix} x_1 \\ \vdots \\ x_n \end{pmatrix} \mapsto \begin{pmatrix} \frac{1}{2} & & 0 \\ & \ddots & \\ 0 & & \frac{1}{2} \end{pmatrix} \begin{pmatrix} x_1 \\ \vdots \\ x_n \end{pmatrix}$$

(1) ist eine Kontraktion mit Kontraktionskonstante $q = \frac{1}{2}$,
(2) ist eine Kontraktion mit Kontraktionskonstante $q = (\frac{1}{2})^n$,
(3) ist eine Kontraktion mit Kontraktionskonstante $q = n \cdot \frac{1}{2}$,
(4) ist keine Kontraktion.

A 123 Sei $I := [0, \pi]$. Für die Funktion $f : I \to I, \ x \mapsto \sin(x)$ gilt

$$|f'(x)| = |\cos(x)| \leqslant 1 \qquad \text{für alle } x \in I.$$

(1) f hat einen Fixpunkt, weil f eine Kontraktion ist.
(2) f hat einen Fixpunkt, obwohl f keine Kontraktion ist.
(3) f hat keinen Fixpunkt, weil f keine Kontraktion ist.
(4) f hat keinen Fixpunkt, obwohl f keine Kontraktion ist.

© Springer-Verlag GmbH Deutschland, ein Teil von Springer Nature 2019
T. Bauer, *Verständnisaufgaben zur Analysis 1 und 2*,
https://doi.org/10.1007/978-3-662-59703-3_20

Kompaktheit

In diesem Abschnitt wird bearbeitet:
die Überdeckungsdefinition von Kompaktheit, Vereinigung kompakter Mengen, stetige Funktionen auf kompakten Mengen

---

A 124 Dass das abgeschlossene Quadrat $Q = [0, 1]^2$ kompakt ist, kann man äquivalent auch so ausdrücken:

(1) Q lässt sich durch endlich viele offene Mengen überdecken.
(2) In jeder offenen Überdeckung von Q genügen bereits endlich viele Mengen, um Q zu überdecken.
(3) Beide Aussagen sind äquivalent zur Kompaktheit.
(4) Keine von beiden ist äquivalent zur Kompaktheit.

A 125 Das offene Quadrat $Q = {]0, 1[}^2$ in $\mathbb{R}^2$ ist nicht kompakt. Daher

(1) muss es eine offene Überdeckung von Q geben, die keine endliche Teilüberdeckung enthält,
(2) gibt es keine Überdeckung von Q durch endlich viele offene Mengen.
(3) Beides ist richtig.
(4) Keines von beiden ist richtig.

A 126 In $\mathbb{R}^n$ ist die Vereinigung von zwei kompakten Quadern

(1) immer kompakt,
(2) kompakt, nur wenn die beiden Quader sich schneiden,
(3) kompakt, nur wenn die beiden Quader disjunkt sind,
(4) nie kompakt.

© Springer-Verlag GmbH Deutschland, ein Teil von Springer Nature 2019
T. Bauer, *Verständnisaufgaben zur Analysis 1 und 2*,
https://doi.org/10.1007/978-3-662-59703-3_21

A 127 Sei $M := \left\{ (x,y) \in \mathbb{R}^2 \mid x^2 + y^2 \leqslant 1 \right\}$ und

$$f : M \to \mathbb{R}$$

eine stetige Funktion.

(1) Sie hat ein Minimum, weil M kompakt ist.
(2) Sie hat ein Minimum, obwohl M nicht kompakt ist.
(3) Sie hat kein Minimum, weil M nicht kompakt ist.
(4) Sie hat kein Minimum, obwohl M kompakt ist.

A 128 Sei $M := \left\{ (x,y) \in \mathbb{R}^2 \mid x^2 + y^2 < 1 \right\}$. Wir betrachten die stetige Funktion

$$f : M \to \mathbb{R}$$
$$(x,y) \mapsto x^4 + y^6 + 1 .$$

(1) Sie hat ein Minimum, weil M kompakt ist.
(2) Sie hat ein Minimum, obwohl M nicht kompakt ist.
(3) Sie hat kein Minimum, weil M nicht kompakt ist.
(4) Sie hat kein Minimum, obwohl M kompakt ist.

Parametrisierte Kurven

In diesem Abschnitt wird bearbeitet:
der Rektifizierbarkeitsbegriff, Bogenlänge von Kurven, verschiedene Parametrisierungen derselben Kurve

---

A 129 Welches der folgenden Bilder gibt die Grundidee der Längenmessung wieder, die in der Definition der Bogenlänge (bzw. im Begriff *Rektifizierbarkeit*) ausgedrückt ist?

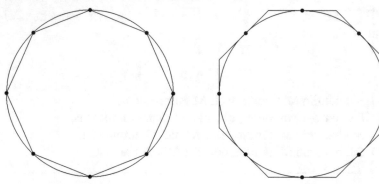

(1) das linke Bild
(2) das rechte Bild
(3) beide Bilder
(4) keines der Bilder

A 130 Wir betrachten die Kurve

$$f : [0, 2\pi] \to \mathbb{R}^2, \quad t \mapsto (\cos(2t), \sin(2t)).$$

Jemand wendet den Satz über die Bogenlänge stetig differenzierbarer Kurven an und erhält als Bogenlänge von f:

$$L(f) = \int_0^{2\pi} \|f'(t)\| \, dt = 4\pi$$

© Springer-Verlag GmbH Deutschland, ein Teil von Springer Nature 2019
T. Bauer, *Verständnisaufgaben zur Analysis 1 und 2*,
https://doi.org/10.1007/978-3-662-59703-3_22

Er ist überrascht, weil der Umfang des Einheitskreises 2π beträgt, nicht 4π. Welche Erklärung ist richtig?

(1) Es liegt ein Rechenfehler vor – das Integral hat in Wahrheit den Wert 2π (Anwendung der Substitutionsregel).

(2) Die Funktion f ist nicht injektiv, die Formel für die Bogenlänge ist daher nicht gültig.

(3) Das Ergebnis ist korrekt, denn die Bogenlänge ist nicht gleich dem Kreisumfang, sondern ist hier doppelt so groß.

(4) Die Integration ist korrekt ausgeführt, das Ergebnis ist richtig und sollte nicht überraschen – die Bogenlänge steht in keinem Bezug zum Kreisumfang.

A 131 Anstelle der Standardparametrisierung des Einheitskreises

$$f : [0, 2\pi] \to \mathbb{R}^2, \quad t \mapsto (\cos(t), \sin(t))$$

betrachten wir hier die Kurve

$$g : [0, \sqrt{2\pi}] \to \mathbb{R}^2, \quad t \mapsto (\cos(t^2), \sin(t^2)) \,.$$

Sie durchläuft ebenfalls die Einheitskreislinie, aber auf andere Weise als f.

(1) Bei der Kurve g nimmt die Geschwindigkeit mit wachsendem t immer mehr zu. Es gilt dennoch $L(g) = L(f) = 2\pi$.

(2) Bei der Kurve g nimmt die Geschwindigkeit mit wachsendem t immer mehr zu. Es gilt daher $L(g) > L(f) = 2\pi$.

(3) Bei der Kurve g nimmt die Geschwindigkeit mit wachsendem t immer mehr ab. Es gilt dennoch $L(g) = L(f) = 2\pi$.

(4) Bei der Kurve g nimmt die Geschwindigkeit mit wachsendem t immer mehr ab. Es gilt daher $L(g) < L(f) = 2\pi$.

Partielle und totale Differenzierbarkeit

In diesem Abschnitt wird bearbeitet:
partielle Ableitungen, Gradient, Jacobi-Matrix, Bedeutung der totalen Differenzierbarkeit, Satz von Schwarz

---

A 132 Es sei $n \geqslant 2$. Die Jacobi-Matrix der Identität $\mathbb{R}^n \to \mathbb{R}^n$, $x \mapsto x$,

(1) enthält lauter Einsen,
(2) enthält lauter Nullen,
(3) enthält sowohl Einsen als auch Nullen,
(4) enthält weder Einsen noch Nullen.

A 133 Wir betrachten die Abbildung

$$f : \mathbb{R}^2 \to \mathbb{R}^2$$
$$(x, y) \mapsto (x^2, y^2).$$

(1) Ihr Gradient in (x, y) ist $\begin{pmatrix} 2x \\ 2y \end{pmatrix}$.

(2) Ihre Jacobi-Matrix in (x, y) ist $\begin{pmatrix} 2x & 0 \\ 0 & 2y \end{pmatrix}$.

(3) Beides trifft zu.
(4) Keines von beiden trifft zu.

A 134 Die Jacobi-Matrix einer partiell differenzierbaren Abbildung $f : \mathbb{R}^m \to \mathbb{R}^n$

(1) ist immer symmetrisch, wenn $m = n$ gilt,
(2) ist niemals symmetrisch, auch wenn $m = n$ gilt,
(3) ist symmetrisch für $m = n$ und $f = \mathrm{id}$,
(4) ist symmetrisch nur für $m = n$ und $f = \mathrm{id}$.

© Springer-Verlag GmbH Deutschland, ein Teil von Springer Nature 2019
T. Bauer, *Verständnisaufgaben zur Analysis 1 und 2*,
https://doi.org/10.1007/978-3-662-59703-3_23

A 135 In der Definition der totalen Differenzierbarkeit einer Funktion f tritt die folgende Bedingung an eine Funktion r auf:

$$\frac{r(x)}{\|x - a\|} \xrightarrow[x \to a]{} 0$$

Wie lässt sich ihre inhaltliche Bedeutung am besten beschreiben?

(1) Wenn man die Funktion f durch ihre lokale Linearisierung in a ersetzt, dann geht der Approximationsfehler für $x \to a$ gegen Null,

(2) ..., dann geht der Approximationsfehler für $x \to a$ schneller als linear gegen Null,

(3) ..., dann geht der Approximationsfehler für $x \to a$ quadratisch gegen Null.

(4) Keine dieser Interpretationen ist richtig.

A 136 Welche Bedingung drückt aus, dass eine Funktion $f : \mathbb{R} \to \mathbb{R}$ im Nullpunkt differenzierbar ist?

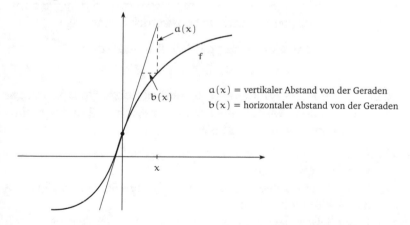

$a(x)$ = vertikaler Abstand von der Geraden
$b(x)$ = horizontaler Abstand von der Geraden

(1) Es gibt eine Gerade durch den Punkt $(0, f(0))$, so dass gilt $\frac{a(x)}{x} \to 0$ für $x \to 0$.

(2) Es gibt eine Gerade durch den Punkt $(0, f(0))$, so dass gilt $\frac{b(x)}{x} \to 0$ für $x \to 0$.

(3) Jede der beiden Bedingungen.

(4) Keine der beiden Bedingungen.

A 137 In welcher Beziehung stehen die folgenden beiden Bedingungen an eine Abbildung $f : \mathbb{R}^2 \to \mathbb{R}$?

(A) Es ist f total differenzierbar.

(B) Für jedes $a \in \mathbb{R}$ sind die Funktionen $t \mapsto f(a, t)$ und $t \mapsto f(t, a)$ differenzierbar.

(1) (A) ist äquivalent zu (B).

(2) (A) impliziert (B), aber nicht umgekehrt.

(3) (B) impliziert (A), aber nicht umgekehrt.

(4) Keine impliziert die andere.

A 138 Der Satz von Schwarz ist bekanntlich die Aussage

$$f \text{ zweimal stetig partiell differenzierbar}$$
$$\implies \forall i, j : D_i D_j f = D_j D_i f$$

über eine Funktion f auf einer offenen Teilmenge des $\mathbb{R}^n$. In manchen Lehrbüchern wird der Beweis nur im Fall $n = 2$ durchgeführt. Wodurch kann man dies legitimieren?

(1) Aussagen in der Differentialrechnung, die für $n = 2$ gelten, sind auch für $n > 2$ wahr.

(2) Es wäre in der Notation zu aufwendig, den Beweis im allgemeinen Fall durchzuführen.

(3) In der Satzaussage kommen nur die partiellen Ableitungen nach x_i und x_j vor.

(4) Für $n > 2$ ist die Aussage ohnehin richtig.

Kettenregel, Richtungsableitungen, Niveaumengen

In diesem Abschnitt wird bearbeitet:
Jacobi-Matrix von Verkettungen von Abbildungen, Definition und Berechnung von Richtungsableitungen, Lage der Niveaumengen einer Abbildung

---

A 139 Sei $n \geqslant 2$. Wenn $f : \mathbb{R} \to \mathbb{R}^n$ und $g : \mathbb{R}^n \to \mathbb{R}$ total differenzierbar sind, dann ist die Jacobi-Matrix von $g \circ f$ in $a \in \mathbb{R}$

(1) eine reelle Zahl,
(2) ein $(n \times 1)$-Spaltenvektor,
(3) ein $(1 \times n)$-Zeilenvektor,
(4) eine $(n \times n)$-Matrix.

A 140 Wir betrachten die Abbildungen

$$f : \mathbb{R}^n \to \mathbb{R}, \quad x \mapsto x_1 + \ldots + x_n$$

und

$$g : \mathbb{R} \to \mathbb{R}^n, \quad t \mapsto (t, \ldots, t).$$

Die Jacobi-Matrix von $g \circ f$ ist

(1) gleich dem Matrizenprodukt $(1, \ldots, 1) \cdot \begin{pmatrix} 1 \\ \vdots \\ 1 \end{pmatrix} = n$,

(2) gleich dem Spaltenvektor $\begin{pmatrix} 1 \\ \vdots \\ 1 \end{pmatrix}$,

(3) gleich dem Zeilenvektor $(1, \ldots, 1)$,

(4) gleich dem Matrizenprodukt $\begin{pmatrix} 1 \\ \vdots \\ 1 \end{pmatrix} \cdot (1, \ldots, 1) = \begin{pmatrix} 1 & \ldots & 1 \\ \vdots & & \vdots \\ 1 & \ldots & 1 \end{pmatrix}$.

© Springer-Verlag GmbH Deutschland, ein Teil von Springer Nature 2019
T. Bauer, *Verständnisaufgaben zur Analysis 1 und 2*,
https://doi.org/10.1007/978-3-662-59703-3_24

A 141   Sei $f : \mathbb{R}^2 \to \mathbb{R}$ eine (total) differenzierbare Funktion. Ferner sei $(a, b) \in \mathbb{R}^2$ und $v = \frac{1}{\sqrt{2}}(1, 1)$. Wir betrachten zwei Behauptungen:

(A) Die Richtungsableitung $D_v f(a, b)$ ist gleich

$$\frac{1}{\sqrt{2}} \cdot \lim_{t \to 0} \frac{f(a + t, b + t) - f(a, b)}{t}.$$

(B) Die Richtungsableitung $D_v f(a, b)$ ist gleich

$$\frac{1}{\sqrt{2}} \cdot (D_1 f(a, b) + D_2 f(a, b)).$$

(1) Nur (A) ist wahr.
(2) Nur (B) ist wahr.
(3) (A) und (B) sind beide wahr.
(4) Weder (A) noch (B) ist wahr.

A 142   Wir betrachten die Abbildung

$$f : \mathbb{R}^3 \to \mathbb{R}, \quad (x, y, z) \to x + y + z.$$

Ihr Gradient ist überall gleich $(1, 1, 1)^t$.

(1) Alle Richtungsableitungen haben den Wert 1.
(2) Alle Richtungsableitungen haben den Wert 0.
(3) Es gibt Richtungsableitungen, die den Wert 1 haben, und solche, die den Wert 0 haben.
(4) Bei dieser Abbildung existieren nicht alle Richtungsableitungen.

A 143   Wir betrachten die Abbildung

$$f : \mathbb{R}^3 \to \mathbb{R}, \quad (x, y, z) \to x + y + z$$

und ihre *Niveaumengen*

$$N_f(c) := f^{-1}(c) - \left\{ x \in \mathbb{R}^3 \mid f(x) = c \right\}$$

für $c \in \mathbb{R}$.

(1) Alle Niveaumengen sind Ebenen, die orthogonal zum Vektor $(1, 1, 1)^t$ liegen.

(2) Alle Niveaumengen sind Geraden, die parallel zum Vektor $(1, 1, 1)^t$ liegen.

(3) Es gibt Niveaumengen von beiden Typen.

(4) Keine der Niveaumengen ist von einem dieser Typen.

Diffeomorphismen und Umkehrsatz

In diesem Abschnitt wird bearbeitet:
Diffeomorphismen: definierende Bedingungen, Bijektivität, Umkehrbarkeit, Verkettung; Umkehrsatz und lokale Diffeomorphismen.

A 144 Die differenzierbare Abbildung

$$f : \mathbb{R} \times \mathbb{R}^+ \to \mathbb{R}^+ \times \mathbb{R}^+, \quad (x, y) \mapsto (e^x y, e^{-x} y)$$

(1) ist ein Diffeomorphismus, weil sie bijektiv ist,
(2) ist kein Diffeomorphismus, weil sie nicht bijektiv ist,
(3) ist ein Diffeomorphismus, weil sie bijektiv ist und ihre Umkehrabbildung $(u, v) \mapsto (\frac{1}{2} \ln \frac{u}{v}, \sqrt{uv})$ differenzierbar ist,
(4) ist kein Diffeomorphismus, weil sie zwar bijektiv, die Umkehrabbildung aber nicht differenzierbar ist.

A 145 Die Abbildung $f : \mathbb{R}^2 \to \mathbb{R}^2$, $(x, y) \mapsto (x^3, y^3)$ ist kein Diffeomorphismus. Das liegt daran, dass

(1) sie nicht bijektiv ist,
(2) ihre Umkehrabbildung nicht differenzierbar ist,
(3) an beidem zusammen,
(4) an keinem dieser Gründe.

A 146 Es sei $f : \mathbb{R}^n \to \mathbb{R}^n$ eine bijektive Abbildung, von der man weiß, dass f^{-1} eine $\mathcal{C}^1$-Abbildung ist und die Jacobi-Matrix von f^{-1} in jedem Punkt invertierbar ist.

(1) Dann muss f^{-1} ein Diffeomorphismus sein, aber f nicht unbedingt.
(2) Dann muss f ein Diffeomorphismus sein, aber f^{-1} nicht unbedingt.
(3) Dann müssen sowohl f als auch f^{-1} Diffeomorphismen sein.

© Springer-Verlag GmbH Deutschland, ein Teil von Springer Nature 2019
T. Bauer, *Verständnisaufgaben zur Analysis 1 und 2*,
https://doi.org/10.1007/978-3-662-59703-3_25

(4) Weder f noch f^{-1} müssen unter diesen Voraussetzungen Diffeomorphismen sein.

A 147 Wenn $f : \mathbb{R}^n \to \mathbb{R}^n$ und $g : \mathbb{R}^n \to \mathbb{R}^n$ Diffeomorphismen sind, dann

(1) ist auch $g \circ f$ ein Diffeomorphismus, aber $f^{-1} \circ g^{-1}$ nicht unbedingt,
(2) ist auch $f^{-1} \circ g^{-1}$ ein Diffeomorphismus, aber $g \circ f$ nicht unbedingt,
(3) sind auch $g \circ f$ und $f^{-1} \circ g^{-1}$ Diffeomorphismen,
(4) muss weder $g \circ f$ noch $f^{-1} \circ g^{-1}$ ein Diffeomorphismus sein.

A 148 Sei $f : \mathbb{R}^n \to \mathbb{R}^n$ ein Diffeomorphismus. Wir untersuchen die folgenden Aussagen:

(A) $\forall x \in \mathbb{R}^n : Df(x) \neq 0$.
(B) $\forall x \in \mathbb{R}^n : \det Df(x) \neq 0$.
(C) $\forall x \in \mathbb{R}^n :$ Kein Eintrag von $Df(x)$ ist gleich Null.

Welche davon kann man aus der Voraussetzung folgern?

(1) nur (A)
(2) nur (A) und (B)
(3) nur (B) und (C)
(4) alle drei

A 149 Es sei $f : \mathbb{R}^2 \to \mathbb{R}^2$ eine $\mathcal{C}^1$-Abbildung, von der man weiß, dass gilt

$$\det Df(x, y) \neq 0 \qquad \text{für alle } (x, y) \in \mathbb{R}^2.$$

Dann kann man folgern, dass

(1) f bijektiv ist,
(2) f um jeden Punkt lokal invertierbar ist,
(3) beides,
(4) keines von beiden.

Der Satz über implizite Funktionen

In diesem Abschnitt wird bearbeitet:
differenzierbare Auflösbarkeit einer Gleichung nach einer Variablen

---

A 150 Wir betrachten die Funktion

$$f : \mathbb{R}^2 \to \mathbb{R}$$
$$(x, y) \mapsto \left(\frac{x}{2}\right)^2 + y^2 - 1 .$$

Ihre Nullstellenmenge

$$\{(x, y) \in \mathbb{R}^2 \mid f(x, y) = 0\}$$

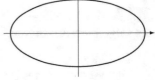

ist eine Ellipse. Es gilt

$$\frac{\partial f}{\partial x} = \frac{x}{2} \quad \text{und} \quad \frac{\partial f}{\partial y} = 2y .$$

Um welche Punkte (a, b) kann man die Gleichung $f(x, y) = 0$ lokal nach y auflösen?

(1) Um jeden Punkt (a, b), der auf der Ellipse liegt.
(2) Um jeden Punkt (a, b), der auf der Ellipse liegt, außer $(0, 1)$ und $(0, -1)$.
(3) Um jeden Punkt (a, b), der auf der Ellipse liegt, außer $(2, 0)$ und $(-2, 0)$.
(4) Um keinen Punkt.

A 151 Es sei $f : \mathbb{R}^3 \to \mathbb{R}$, $(x, y, z) \mapsto f(x, y, z)$, eine $\mathcal{C}^1$-Funktion. Mit dem Satz über implizite Funktionen kann man

(1) durch Untersuchung der partiellen Ableitung $\frac{\partial f}{\partial x}$ die lokale Auflösbarkeit der Gleichung $f(x, y, z) = 0$ nach x untersuchen,

© Springer-Verlag GmbH Deutschland, ein Teil von Springer Nature 2019
T. Bauer, *Verständnisaufgaben zur Analysis 1 und 2*,
https://doi.org/10.1007/978-3-662-59703-3_26

(2) durch Untersuchung der partiellen Ableitung $\frac{\partial f}{\partial(y,z)}$ die lokale Auflösbarkeit der Gleichung $f(x,y,z) = 0$ nach (y,z) untersuchen.

(3) Beides ist möglich.

(4) Keines von beiden ist möglich.

A 152　Wir betrachten die Gleichung

$$x^2 + y^3 + y = 1 \,.$$

Um welche / wie viele Punkte $(a,b) \in \mathbb{R}^2$ kann man sie lokal nach y auflösen?

(1) um alle, für die $a^2 + b^3 + b = 1$ gilt

(2) um alle, für die $a^2 + b^3 + b = 1$ gilt, bis auf einen

(3) um alle

(4) um keinen

Extremwerte von Funktionen

In diesem Abschnitt wird bearbeitet:
Gradient und Tangentialebene, Kriterien für Extrema mit Gradient und
Hesse-Matrix

A 153 Das Bild zeigt den Graphen der Funktion

$$f : \mathbb{R}^2 \to \mathbb{R}, \quad (x, y) \mapsto x^2 + y^2$$

Ihr Gradient im Nullpunkt ist der Nullvektor, und sie hat folgende Eigenschaften:

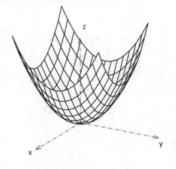

(A) Die Tangentialebene im Ursprung
ist die x-y-Ebene.

(B) Die x-y-Ebene schneidet den Graphen nur im Punkt $(0, 0)$.

(C) Die Funktion hat im Nullpunkt ein
lokales Extremum.

Was kann jemand schließen, der von einer differenzierbaren Funk-
tion $f : \mathbb{R}^2 \to \mathbb{R}$ mit $f(0, 0) = 0$ *nur* weiß, dass ihr Gradient im
Nullpunkt der Nullvektor ist, aber Funktion und Bild nicht kennt?

(1) nur (A)

(2) nur (B)

(3) nur (C)

(4) (A) und (B), aber nicht (C)

A 154 Von einer differenzierbaren Funktion $f : \mathbb{R}^2 \to \mathbb{R}$ sei bekannt, dass

$$f(0, 0) = 0 \quad \text{und} \quad \operatorname{grad} f(0, 0) \neq (0, 0)$$

gilt. Dann muss es in jeder Umgebung von $(0, 0)$

© Springer-Verlag GmbH Deutschland, ein Teil von Springer Nature 2019
T. Bauer, *Verständnisaufgaben zur Analysis 1 und 2*,
https://doi.org/10.1007/978-3-662-59703-3_27

(1) Punkte geben, in denen f positiven Funktionswert hat,

(2) Punkte geben, in denen f negativen Funktionswert hat,

(3) beide Arten von Punkten geben.

(4) Keines von diesen kann man folgern.

A 155   Für die Funktion $\mathbb{R}^2 \to \mathbb{R}$, $(x, y) \to x^2 + x + y^2 + y$ gilt:

$$D_f(0,0) = (1,1) \quad \text{und} \quad H_f(0,0) = \begin{pmatrix} 2 & 0 \\ 0 & 2 \end{pmatrix}$$

Welche Folgerung erlaubt dies?

(1) f hat in $(0,0)$ ein lokales Minimum.

(2) f hat in $(0,0)$ ein lokales Maximum.

(3) f hat in $(0,0)$ kein lokales Extremum.

(4) f hat in $(0,0)$ ein strenges lokales Extremum.

A 156   Für die Funktion $\mathbb{R}^2 \to \mathbb{R}$, $(x, y) \to x^2$ gilt:

$$Df(0,0) = (0,0) \quad \text{und} \quad H_f(0,0) = \begin{pmatrix} 2 & 0 \\ 0 & 0 \end{pmatrix}$$

(1) $H_f(0,0)$ ist positiv definit, daher hat f in $(0,0)$ ein lokales Minimum.

(2) $H_f(0,0)$ ist nicht positiv definit, daher hat f in $(0,0)$ kein lokales Minimum.

(3) $H_f(0,0)$ ist nicht positiv definit, trotzdem hat f in $(0,0)$ ein lokales Minimum.

(4) $H_f(0,0)$ ist indefinit, daher hat f in $(0,0)$ kein lokales Extremum.

Extrema unter Nebenbedingungen, Untermannigfaltigkeiten

In diesem Abschnitt wird bearbeitet:
Untermannigfaltigkeiten des $\mathbb{R}^n$, Begradigung, Bestimmen von Extrema unter Nebenbedingungen

---

A 157 Es sei $g : \mathbb{R}^n \to \mathbb{R}$ eine $\mathcal{C}^1$-Abbildung und

$$M := \{x \in \mathbb{R}^n \mid g(x) = 0\}$$

ihre Nullstellenmenge. Wann ist M eine $(n-1)$-dimensionale Untermannigfaltigkeit des $\mathbb{R}^n$?

(1) immer
(2) nur falls grad $g(x) \neq 0$ für alle $x \in M$ gilt
(3) nur falls grad $g(x) \neq 0$ für alle $x \in \mathbb{R}^n$ gilt
(4) nie

A 158 Die Menge $\left\{ (x,y) \in \mathbb{R}^2 \mid x = 0 \text{ oder } y = 0 \right\}$

(1) ist eine Untermannigfaltigkeit, weil sie sich begradigen lässt,
(2) ist eine Untermannigfaltigkeit, obwohl sie sich nicht begradigen lässt,
(3) ist keine Untermannigfaltigkeit, weil sie sich nicht begradigen lässt,
(4) ist keine Untermannigfaltigkeit, obwohl sie sich nicht begradigen lässt.

A 159 Die Funktion

$$f : \mathbb{R}^2 \to \mathbb{R}, \quad (x,y) \mapsto x$$

(1) hat ein lokales Extremum,
(2) hat ein Extremum unter der Nebenbedingung $x^2 + y^2 = 1$.
(3) Beides trifft zu.
(4) Keines von beiden trifft zu.

© Springer-Verlag GmbH Deutschland, ein Teil von Springer Nature 2019
T. Bauer, *Verständnisaufgaben zur Analysis 1 und 2*,
https://doi.org/10.1007/978-3-662-59703-3_28

Der Satz von Taylor

In diesem Abschnitt wird bearbeitet:
Taylor-Polynome in mehreren Veränderlichen, höhere Ableitungen, Approximationseigenschaften der Taylor-Polynome

---

A 160 Wir betrachten die Funktion

$$f : \mathbb{R}^2 \to \mathbb{R}$$
$$(x, y) \mapsto x^3 + x^2 + 2xy + y^2 + x + 2y + 1 .$$

Das zweite Taylor-Polynom von f im Punkt $(0, 0)$ ist gleich

(1) 1,
(2) $x + 2y + 1$,
(3) $x^2 + 2xy + y^2 + x + 2y + 1$,
(4) $x^2 + 2xy + y^2$.

A 161 Es sei $f : \mathbb{R}^n \to \mathbb{R}$ eine $\mathcal{C}^\infty$-Funktion und

$$k = (1, \dots, 1) \in \mathbb{N}_0^n ,$$
$$\ell = (n, 0, \dots, 0) \in \mathbb{N}_0^n .$$

(1) Dann gilt $|k| = |\ell|$, und sowohl $D^k f$ als auch $D^\ell f$ sind partielle Ableitungen der Ordnung $|k|$ von f.
(2) Es gilt $D^k f = D^\ell f$.
(3) Beides ist richtig.
(4) Keines von beiden ist richtig.

A 162 Es sei $U \subset \mathbb{R}^n$ eine offene Menge und $f : U \to \mathbb{R}$ eine $\mathcal{C}^k$-Funktion. Mit $T_{k,f,a}$ bezeichnen wir das Taylor-Polynom der Ordnung k von f in einem Punkt $a \in U$. Was ist die stärkste Aussage, die man über das zweite Taylor-Polynom machen kann?

© Springer-Verlag GmbH Deutschland, ein Teil von Springer Nature 2019
T. Bauer, *Verständnisaufgaben zur Analysis 1 und 2*,
https://doi.org/10.1007/978-3-662-59703-3_29

(1) Es gilt $\dfrac{f(x) - T_{2,f,a}(x)}{\|x - a\|} \xrightarrow[x \to a]{} 0.$

(2) Es gilt $\dfrac{f(x) - T_{2,f,a}(x)}{\|x - a\|^2} \xrightarrow[x \to a]{} 0.$

(3) Es gilt $\dfrac{f(x) - T_{2,f,a}(x)}{\|x - a\|^3} \xrightarrow[x \to a]{} 0.$

(4) Man kann ohne weitere Voraussetzungen keines von diesen behaupten.

Zusammenhängende Mengen

In diesem Abschnitt wird bearbeitet:
zusammenhängende und bogenzusammenhängende Mengen, Bildmengen stetiger Abbildungen, partiell differenzierbare Funktionen auf zusammenhängenden und auf unzusammenhängenden Mengen, lokal-konstante Funktionen, Zusammenhangskomponenten

---

A 163　Es sei $M \subset \mathbb{R}^2$ eine Vereinigung von zwei abgeschlossenen Kreisscheiben mit Radius 1, die sich in genau einem Punkt schneiden.

Was ist die stärkste Aussage, die man in dieser Situation machen kann?

(1) M ist zusammenhängend.
(2) M ist bogenzusammenhängend.
(3) Je zwei Punkte aus M lassen sich in M durch einen Streckenzug verbinden.
(4) Je zwei Punkte aus M lassen sich in M durch eine Strecke verbinden.

A 164　Es sei $U \subset \mathbb{R}^2$ eine offene Kreisscheibe und

$$f : U \to \mathbb{R}$$

eine stetige Abbildung. Für die Bildmenge $f(U)$ gilt dann:

(1) Sie muss ein beschränktes Intervall sein.
(2) Sie muss beschränkt sein, muss aber kein Intervall sein.
(3) Sie muss ein Intervall sein, muss aber nicht beschränkt sein.
(4) Sie muss nicht beschränkt sein, und sie muss kein Intervall sein.

© Springer-Verlag GmbH Deutschland, ein Teil von Springer Nature 2019
T. Bauer, *Verständnisaufgaben zur Analysis 1 und 2*,
https://doi.org/10.1007/978-3-662-59703-3_30

A 165 Wir betrachten in $\mathbb{R}^2$ die Vereinigung U der beiden offenen Kreisscheiben $U_1(0,0)$ und $U_1(2,2)$. Es sei f eine partiell differenzierbare Abbildung $U \to \mathbb{R}$ mit

$$f(0,0) = 27 \quad \text{und} \quad \operatorname{grad} f(x) = 0 \text{ für alle } x \in U.$$

Was ist in dieser Situation die stärkste wahre Aussage?

(1) f hat überall auf U den Wert 27.
(2) f hat überall auf $U_1(0,0)$ den Wert 27.
(3) f hat überall auf $U_1(2,2)$ den Wert 27.
(4) f hat auf einer Umgebung von $(0,0)$ den Wert 27.

A 166 Wir betrachten die Abbildung

$$f : [-2,-1] \cup [1,2] \to [1,4]$$
$$x \mapsto x^2.$$

Für welche der folgenden Aussagen stellt sie ein Beispiel dar?

(1) Wenn bei einer stetigen Abbildung der Definitionsbereich zusammenhängend ist, dann ist auch die Bildmenge (Wertebereich) zusammenhängend.
(2) Wenn bei einer stetigen Abbildung die Bildmenge zusammenhängend ist, dann ist auch der Definitionsbereich zusammenhängend.
(3) Wenn bei einer stetigen Abbildung die Bildmenge zusammenhängend ist, dann muss der Definitionsbereich nicht zusammenhängend sein.
(4) Wenn bei einer stetigen Abbildung der Definitionsbereich zusammenhängend ist, dann muss die Bildmenge nicht zusammenhängend sein.

A 167 Es seien I und J abgeschlossene Intervalle in $\mathbb{R}$ und sei

$$M := I \cup J.$$

Angenommen, man weiß Folgendes: Jede Funktion $f : M \to \mathbb{R}$, die lokal-konstant ist, ist konstant.

(1) Dann gilt $I \cap J \neq \varnothing$.
(2) Dann gilt $I \cap J = \varnothing$.
(3) Dann gilt $I = J$.
(4) Dann ist $I = \varnothing$ oder $J = \varnothing$.

A 168   Wir betrachten die Teilmenge $\mathbb{Q} \subset \mathbb{R}$.

(1) Sie ist zusammenhängend.
(2) Sie hat endlich viele Zusammenhangskomponenten, aber mehr als eine.
(3) Sie hat abzählbar viele Zusammenhangskomponenten.
(4) Sie hat überabzählbar viele Zusammenhangskomponenten.

A 169   Sei $M \subset \mathbb{R}$ und $f : M \to \mathbb{R}$ eine stetige Abbildung. Falls M genau n Zusammenhangskomponenten hat (für ein $n \in \mathbb{N}$), dann gilt für die Anzahl der Zusammenhangskomponenten der Bildmenge $f(M)$:

(1) Sie ist ebenfalls gleich n.
(2) Sie ist höchstens n.
(3) Sie kann größer als n sein.
(4) Sie ist größer als 1.

Jordan-messbare Mengen, mehrdimensionales Integral

In diesem Abschnitt wird bearbeitet:
Jordan-messbare Teilmengen des $\mathbb{R}^n$, Jordan-Volumen, mehrdimensionale Integrierbarkeit, Satz von Fubini

---

A 170 Wir betrachten in $\mathbb{R}$ die Menge

$$A := [0,1] \cap \mathbb{Q}.$$

(1) A ist Jordan-messbar mit $\text{Vol}(A) = 1$.
(2) A ist Jordan-messbar mit $\text{Vol}(A) = 0$.
(3) A ist nicht Jordan-messbar mit $\text{Vol}_a(A) = 1$.
(4) A ist nicht Jordan-messbar mit $\text{Vol}_a(A) = 0$.

A 171 Es sei $A \subset \mathbb{R}^2$ die Menge

$$\left\{ (x,y) \in \mathbb{R}^2 \mid x^2 + y^2 \leqslant 1 \text{ und } y \geqslant 0 \right\}.$$

Wir betrachten die folgenden Integrale:

$$(a) \int_A 1 \, d(x,y) \qquad (b) \int_{[-1,1]^2} \chi_A(x,y) \, d(x,y)$$

$$(c) \int_0^1 \sqrt{1-x^2} \, dx \qquad (d) \int_{-1}^1 \sqrt{1-x^2} \, dx$$

Welche davon geben den Flächeninhalt (d.h. das zweidimensionale Jordan-Volumen) von A an?

(1) nur (c)
(2) nur (d)
(3) alle außer (c)
(4) alle außer (d)

© Springer-Verlag GmbH Deutschland, ein Teil von Springer Nature 2019
T. Bauer, *Verständnisaufgaben zur Analysis 1 und 2*,
https://doi.org/10.1007/978-3-662-59703-3_31

A 172 Wir betrachten die Funktion

$$f : [0,1] \times [0,1] \to \mathbb{R}$$

$$(x,y) \mapsto \begin{cases} 1, & \text{falls } x > y, \\ 2, & \text{sonst.} \end{cases}$$

Welches Argument ist korrekt?

(1) f ist integrierbar, weil f stetig ist bis auf eine Jordan-Nullmenge.

(2) f ist integrierbar, weil f über eine Fallunterscheidung durch zwei stetige Funktionen definiert ist.

(3) Beides sind korrekte Argumente.

(4) Keines dieser Argumente ist korrekt.

A 173 Es seien A und B Jordan-messbare Teilmengen des $\mathbb{R}^n$ und $f : B \to \mathbb{R}$ eine stetige Funktion mit $f(x) \geqslant 0$ für alle $x \in B$. Was ist die stärkste Folgerung, die man ziehen kann, wenn die echte Inklusion $A \subsetneq B$ gilt?

(1) $\int_A f \leqslant \int_B f$

(2) $\int_A f < \int_B f$

(3) $\int_A f \geqslant \int_B f$

(4) Keines von diesen kann man folgern.

A 174   Es sei $f : \mathbb{R}^2 \to \mathbb{R}$ eine stetige Funktion und $A \subset \mathbb{R}^2$ das Dreieck mit den Eckpunkten $(0,0)$, $(1,0)$ und $(0,1)$. Durch welche der folgenden iterierten Integrationen kann man nach dem Satz von Fubini das Integral

$$\int_A f(x,y)\, d(x,y)$$

berechnen?

(1) $\displaystyle\int_0^1 \int_0^1 f(x,y)\, dx\, dy$

(2) $\displaystyle\int_0^1 \int_0^{1-x} f(x,y)\, dx\, dy$

(3) $\displaystyle\int_0^1 \int_0^{1-y} f(x,y)\, dx\, dy$

(4) $\displaystyle\int_0^{1-x} \int_0^{1-y} f(x,y)\, dx\, dy$

Differentialgleichungen

In diesem Abschnitt wird bearbeitet:
Lösungen von Differentialgleichungen, Satz von Picard-Lindelöf, Typen von
Differentialgleichungen, Differentialgleichungssysteme

A 175 Die Funktion $\mathbb{R}^+ \to \mathbb{R}$, $x \mapsto \frac{1}{x}$

(1) ist Lösung der Differentialgleichung $y' = -y^2$,
(2) ist Lösung der Differentialgleichung $y' = -\frac{y}{x}$.
(3) Beides ist richtig.
(4) Keines von beiden ist richtig.

A 176 Welche der Funktionen

$$f : x \mapsto e^{2x} \qquad g : x \mapsto 27e^{2x} \qquad h : x \mapsto e^{2x} + 27$$

sind Lösungen der Differentialgleichung

$$y' = 2y \ ?$$

(1) nur f
(2) nur f und g
(3) nur f und h
(4) alle drei

A 177 Angenommen, die Funktion φ ist eine Lösung der Differentialgleichung

$$y' = y^2 + 1 \, .$$

Was kann man daraus schließen?

(1) φ ist streng monoton steigend.
(2) φ kann keine lineare Funktion $x \mapsto ax + b$ sein.
(3) Beides kann man schließen.
(4) Keines von beiden kann man schließen.

© Springer-Verlag GmbH Deutschland, ein Teil von Springer Nature 2019
T. Bauer, *Verständnisaufgaben zur Analysis 1 und 2*,
https://doi.org/10.1007/978-3-662-59703-3_32

A 178 Die Differentialgleichung

$$y' = \sin(xy)^{27}$$

hat nach dem Satz von Picard-Lindelöf

(1) genau eine Lösung $\varphi : \mathbb{R} \to \mathbb{R}$,
(2) zu jedem $a \in \mathbb{R}$ genau eine Lösung auf einer Umgebung von a.
(3) Beides ist richtig.
(4) Keines von beiden ist richtig.

A 179 Im Beweis des Satzes von Picard-Lindelöf (vgl. [6]) spielt die Äquivalenz der folgenden zwei Aussagen eine wichtige Rolle:

$$\text{(i)} \quad \varphi'(x) = f(x, \varphi(x)) \text{ und } \varphi(a) = b$$

$$\text{(ii)} \quad \varphi(x) - b = \int_a^x f(t, \varphi(t)) \, dt$$

In die Begründung welcher Implikation(en) geht der Hauptsatz der Differential- und Integralrechnung ein?

(1) (i) $\implies$ (ii)
(2) (ii) $\implies$ (i)
(3) in beide
(4) in keine von beiden

A 180 Die Differentialgleichung

$$y' = \frac{y}{x}$$

ist auf $\mathbb{R}^+ \times \mathbb{R}$

(1) eine Differentialgleichung mit getrennten Variablen,
(2) eine homogene Differentialgleichung.
(3) Sie ist beides.
(4) Sie ist keines von beiden.

A 181 Die Lösungen des Differentialgleichungssystems

$$y_1' = \sin(x) \cdot y_1 + \cos(x) \cdot y_2$$
$$y_2' = 9y_1 + 27y_2$$

(1) bilden einen 1-dimensionalen $\mathbb{R}$-Vektorraum,
(2) bilden einen 2-dimensionalen $\mathbb{R}$-Vektorraum,
(3) bilden einen 4-dimensionalen Vektorraum,
(4) bilden keinen Vektorraum.

A 182 Wir betrachten das Differentialgleichungssystem

$$y_1' = y_2$$
$$y_2' = -y_1$$

(1) Die Funktionen sin und cos sind die einzigen Lösungen.
(2) Die Funktionen sin und cos bilden ein Fundamentalsystem.
(3) $(\sin, \cos)$ und $(-\cos, \sin)$ bilden ein Fundamentalsystem.
(4) Alle drei Aussagen sind richtig.

3

Kommentierte Lösungen

© Springer-Verlag GmbH Deutschland, ein Teil von Springer Nature 2019
T. Bauer, *Verständnisaufgaben zur Analysis 1 und 2*,
https://doi.org/10.1007/978-3-662-59703-3_33

L 1

Erläuterungen zu den falschen Antworten:

(1) Die Formulierung „ist höchstens so groß wie" bedeutet „ist kleiner oder gleich".

(3) Hier passen zwei Aspekte nicht zu der betrachteten Aussage: Zum einen würde $\exists$ eine *Existenzaussage* („es gibt ein ... mit") machen, aber wir sollen eine *Allaussage* („jede", „alle") übersetzen. Zum anderen drückt $<$ die *strenge* Kleinerrelation aus, während wir die *schwache* Relation „höchstens so groß wie" benötigen.

(4) Durch den Quantor $\exists$ würde eine *Existenzaussage* ausgedrückt. Hier wird aber eine *Allaussage* gemacht.

Richtige Antwort:

(2) Hier liegt eine *Allaussage* vor, es wird eine Aussage über *alle natürlichen Zahlen* gemacht (formuliert als „jede natürliche Zahl"). Dies kann mit „$\forall n \in \mathbb{N}$" übersetzt werden. Über die so quantifizierte Zahl n wird dann gesagt, dass sie höchstens so groß wie ihr Quadrat ist – dies lässt sich als $n \leqslant n^2$ schreiben.

Weitergehende Hinweise:

Die Aussage $\forall n \in \mathbb{N} : n < n^2$ ist falsch, denn nicht *jede* natürliche Zahl ist kleiner als ihr Quadrat (die Zahl 1 ist es nicht). Dagegen ist die Aussage $\exists n \in \mathbb{N} : n < n^2$ wahr, denn es *gibt* natürliche Zahlen, die kleiner als ihr Quadrat sind (beispielsweise die Zahl 2). Hieran wird der drastische Unterschied zwischen Allaussagen $\forall \ldots$ und Existenzaussagen $\exists \ldots$ deutlich.

L 2

Vorbemerkung:

Beim Übersetzen von logischen Formeln in natürliche Sprache lohnt es sich, zuerst eine „wörtliche" Übersetzung zu erstellen, und dann mit dieser weiterzuarbeiten. Sie können so übersetzen:

$\forall x \in X : \dots$ „Für alle Elemente x in X gilt: ...“

$\exists x \in X : \dots$ „Es gibt ein Element x in X, so dass ...“

Erläuterungen zu den falschen Antworten:

(1) Richtig ist, dass hier eine *Existenzaussage* („es gibt“) gemacht wird. Nicht richtig ist, dass die Existenz einer größten Zahl behauptet wird.

(3) Wenn die Formulierung mit „Zu jeder ...“ beginnt, macht sie eine *Allaussage*. Die logische Formel müsste dann mit $\forall$ beginnen.

(4) Auch hier gilt: Die logische Formel müsste mit $\forall$ beginnen, wenn man eine Aussage für *jede* Zahl machen wollte.

Richtige Antwort:

(2) Die „wörtliche“ Übersetzung liefert zunächst die Formulierung:

Es gibt ein Element n in $\mathbb{N}$, so dass
für alle Elemente m in $\mathbb{N}$ gilt: $n \leqslant m$.

Dies können Sie auch so ausdrücken:

Es gibt eine natürliche Zahl n, so dass
für alle natürlichen Zahlen m gilt: $n \leqslant m$.

Was besagt dies inhaltlich? Es sagt aus, dass es eine natürliche Zahl gibt, die kleiner oder gleich allen natürlichen Zahlen ist – also eine *kleinste natürliche Zahl*.

L3

Erläuterungen zu den falschen Antworten:

(1) Eine Formel, die mit $\exists$ beginnt, macht eine *Existenzaussage*. Hier soll aber eine *Allaussage* übersetzt werden: „Zu jeder ...“

(2) Diese Formel drückt eine doppelte Existenzaussage aus: „Es gibt natürliche Zahlen n und m mit ...“

(4) Diese Formel drückt eine doppelte Allaussage aus: „Für alle natürlichen Zahlen n und m gilt …"

Richtige Antwort:

(3) Übersetzt man die Formel zurück in natürliche Sprache, so erhält man bei Übersetzung von $\forall$ mit „für jede" und $\exists$ mit „es gibt" die Formulierung „Für jede natürliche Zahl n gibt es eine natürliche Zahl m mit $m > n$." Dies entspricht der zu übersetzenden Aussage. Etwas knifflig hierbei ist, dass in der gegebenen Aussage keine Variablen wie m und n verwendet wurden – man muss sie vor der Übersetzung in die Aussage „hineindenken".

Weitergehende Hinweise:

Eine der Schwierigkeiten beim Übersetzen zwischen natürlicher Sprache und logischen Formeln liegt darin, dass die Quantoren $\forall$ und $\exists$ in natürlicher Sprache auf verschiedene Arten ausgedrückt werden können. Hier sind die häufigsten Varianten:

Die Formel $\forall x \in X : \ldots$ kann ausgedrückt werden als:

- Für alle $x \in X$ gilt …
- Für jedes $x \in X$ gilt …
- Für $x \in X$ gilt …
- Es gilt … für alle $x \in X$.
- Es gilt … für jedes $x \in X$.
- Es gilt … für $x \in X$.

Die Formel $\exists x \in X : \ldots$ kann ausgedrückt werden als:

- Es gibt ein $x \in X$, für das gilt: …
- Es gibt ein $x \in X$ mit …
- Es gilt … für ein geeignetes $x \in X$
- Es gilt … für ein $x \in X$

Sehen Sie, welch großer Unterschied zwischen „für ein $x \in X$" und „für $x \in X$" besteht? Obwohl es sprachlich fast gleich klingt, wird mit der einen Formulierung der Existenzquantor $\exists$ und mit der anderen der Allquantor $\forall$ ausgedrückt. Solche Dinge sind keineswegs selbsterklärend, sondern es sind Konventionen, die sich in einer langen Entwicklung herausgebildet haben. Experten wissen jeweils genau, was gemeint ist, während für Neulinge solche Unterschiede zunächst verwirrend erscheinen können. Es lohnt sich sehr, sich mit den Feinheiten dieser Sprechweisen vertraut zu machen, da sie überall in der Mathematik verwendet werden.

L 4

Erläuterungen zu den falschen Antworten:
(1) Hierdurch wird ausgedrückt, dass es zu jeder natürlichen Zahl n eine natürliche Zahl m gibt, so dass n ein Teiler von m ist. Das ist eine wahre Aussage (denn zu gegebenem n erfüllt beispielsweise $m := n$ die Bedingung). Dies ist aber nicht die Aussage, die ausgedrückt werden sollte.
(2) Diese Aussage drückt aus, dass für alle natürlichen Zahlen n und m gilt: n ist ein Teiler von m. Das ist nicht wahr, denn zum Beispiel ist 2 kein Teiler von 1.
(3) Hierdurch wird ausgedrückt, dass es natürliche Zahlen n und m gibt, so dass n ein Teiler von m ist. Das ist wahr, denn es wird zum Beispiel von $n := 1$ und $m := 2$ erfüllt. Es ist aber nicht die Aussage, die formuliert werden sollte.

Richtige Antwort:
(4) Der erste Satzteil „Es gibt eine natürliche Zahl" übersetzt sich zu $\exists n \in \mathbb{N}$. Nun muss man noch ausdrücken, dass n ein Teiler jeder natürlichen Zahl ist: $\forall m \in \mathbb{N} : n \mid m$.

Weitergehende Hinweise:
Formulierungen in natürlicher Sprache sind recht variantenreich und daher manchmal nicht leicht zu entschlüsseln. Man kann sich besser orientieren, wenn man zunächst versucht zu unterscheiden, ob eine *Existenzaussage* oder eine *Allaussage* gemacht wird. Hier liegt eine Existenzaussage über eine natürliche Zahl vor („Es gibt eine natürliche Zahl, die ..."). Die Eigenschaft dieser Zahl ist dann eine Allaussage (sie ist „Teiler jeder natürlichen Zahl").

L5

Erläuterungen zu den falschen Antworten:
(1) Für $a = -2$ und $b = -1$ ist dies falsch.

Richtige Antwort:
(2) Das Multiplizieren mit einer positiven Zahl ändert die Größenrelation nicht. Das Quadrieren verhält sich dagegen nicht so – es kann die Größenrelation umkehren, wenn negative Zahlen beteiligt sind.

L6

Erläuterungen zu den falschen Antworten:
(1) Das ist falsch wegen $B \not\subset C$.
(2) Das ist ebenfalls falsch wegen $B \not\subset C$.
(3) Auch dies ist falsch wegen $B \not\subset C$.

Richtige Antwort:
(4) Es gilt $A \subset B$, da $x^2 > 0$ eine Folgerung aus $x > 0$ ist. Aus demselben Grund gilt auch $A = C$.

L7

Richtige Antwort:
(3) Es sind die Zahlen 0 und $\sqrt{2}$ und $-\sqrt{2}$. Man kann dies so ermitteln: Es gilt $|x^2 - 1| = 1$ genau dann, wenn $x^2 - 1 = 1$ oder $x^2 - 1 = -1$ gilt. Wenn man diese zwei quadratischen Gleichungen nun löst, dann erhält man die drei angegebenen Lösungen.

L8

Vorbemerkung:
Wie würden Sie eine solche Gleichung lösen? Führen Sie die Rechnung nicht gleich durch, sondern überlegen Sie zuerst, auf welche

Art von Gleichungen Sie dies führen wird und wie viele Lösungen dabei entstehen können.

Richtige Antwort:
(3) Jede solche Gleichung ist zu zwei quadratischen Gleichungen äquivalent und kann daher höchstens vier Lösungen haben. Vier Lösungen kommen in der Tat vor, zum Beispiel bei $|x^2 - 2| = 1$.

Weitergehende Hinweise:
Sie könnten vielleicht zunächst meinen, dass „unendlich" richtig ist, da dies sicher eine obere Schranke darstellt. Es ist hier aber nach der *maximal vorkommenden* Anzahl gefragt.

Vorbemerkung:
Folgende Vorüberlegung lohnt sich: Für welche Zahlen $x \in \mathbb{R}$ gilt $|x| \leqslant \frac{1}{2}$? Für welche gilt $|x| \leqslant \varepsilon$?

Richtige Antwort:
(3) Setzen wir für einen Moment $t := x - a$. Die Ungleichung $|t| \leqslant \varepsilon$ ist genau dann erfüllt, wenn gilt $-\varepsilon \leqslant t \leqslant \varepsilon$, d.h., wenn t im Intervall $[-\varepsilon, \varepsilon]$ liegt. Wenn wir dies nun zurückübersetzen, so erhalten wir für x die Ungleichungen

$$-\varepsilon \leqslant x - a \leqslant \varepsilon.$$

Diese sind äquivalent zu

$$a - \varepsilon \leqslant x \leqslant a + \varepsilon$$

und besagen genau, dass x im Intervall $[a - \varepsilon, a + \varepsilon]$ liegt.

Weitergehende Hinweise:
Flexibilität im Umgang mit solchen Ungleichungen ist für Grenzwertbetrachtungen unentbehrlich. Dabei arbeitet man mit beiden hier angegebenen Formulierungen.

L 10

Erläuterungen zu den falschen Antworten:
(1) Das ist falsch, denn es gilt nicht für *alle* $\varepsilon > 0$, zum Beispiel sicher nicht für $\varepsilon = b$.
(2) Auch das ist falsch, wie man beispielsweise für $\varepsilon = b$ sieht.
(3) Die Ungleichung $(a + \varepsilon)^2 < 1$ ist beispielsweise dann nicht erfüllt wenn, $a = 1$ ist.

Richtige Antwort:
(4) Intuitiv leuchtet es so ein: Wenn a^2 echt kleiner ist als b^2, dann kann man a um ein kleines ε vergrößern und es bleibt $(a + \varepsilon)^2$ immer noch unter b^2.

Einen exakten Beweis kann man so entwickeln: Die Voraussetzung $a^2 < b^2$ können wir so ausdrücken, dass die Differenz $\delta := b^2 - a^2$ positiv ist. Wir führen jetzt einen Widerspruchsbeweis und nehmen dazu an, dass $(a+\varepsilon)^2 \geqslant b^2$ für alle $\varepsilon > 0$ gilt. Wir können dann eine Reihe von Folgerungen ziehen:

$$(a + \varepsilon)^2 \geqslant b^2$$
$$\implies a^2 + 2a\varepsilon + \varepsilon^2 \geqslant b^2$$
$$\implies (b^2 - \delta) + 2a\varepsilon + \varepsilon^2 \geqslant b^2$$
$$\implies 2a\varepsilon + \varepsilon^2 \geqslant \delta$$

Durch diese algebraische Umformung können wir unsere Intuition nun konkretisieren: Die letzte Ungleichung kann nicht für *alle* $\varepsilon > 0$ erfüllt sein, weil die linke Seite irgendwann kleiner als die rechte wird, wenn wir ε klein genug wählen. (Man kann dies mit jedem ε erreichen, das kleiner als 1 und kleiner als $\frac{1}{2a+1}\delta$ ist.)

L 11

Vorbemerkung:
Was bedeutet Monotonie genau? Drücken Sie dies als Eigenschaft der Funktionswerte $f(x)$ und $f(y)$ zweier beliebiger Stellen x und y

aus.

Richtige Antwort:
(4) Der etwas subtile, aber entscheidende Punkt hier liegt darin,
   dass in der Aufgabe keine *Funktion* (d.h. eine Zuordnungsvor-
   schrift) angegeben ist, sondern nur ein *Term* (Rechenausdruck).
   Insbesondere fehlt daher die Angabe des Definitionsbereichs
   von f. Davon hängt die Antwort aber ab: Die Funktion

$$\mathbb{R}^+ \to \mathbb{R}, \quad x \mapsto \frac{1}{x}$$

ist (streng) monoton fallend, denn es gilt für alle $x, y \in \mathbb{R}^+$:

$$x < y \implies f(x) > f(y)$$

Aber die Funktion

$$\mathbb{R} \setminus \{0\} \to \mathbb{R}, \quad x \mapsto \frac{1}{x}$$

ist nicht monoton fallend, denn zum Beispiel gilt $f(-1) < f(1)$.

Weitergehende Hinweise:
Bei dieser Aufgabe zeigt sich, dass es wichtig ist, zwischen *Funktion*
und *Funktionsterm* zu unterscheiden. Derselbe Funktionsterm, hier
$\frac{1}{x}$, kann zur Definition verschiedener Funktionen verwendet werden, die sich in ihren Definitionsbereichen unterscheiden. Über eine Eigenschaft wie Monotonie kann man daher nur bei Funktionen
sprechen, nicht aber bei Funktionstermen.

L 12

Vorbemerkung:
Der schwierigste Teil dieser Aufgabe liegt darin, den Unterschied
zwischen B und C zu verstehen. Überlegen Sie genau, welche Bedingung an die Funktionen in B gestellt ist. Welchen Effekt hat es,
dass „wobei $p \in [0, 1]$" außerhalb der Mengendefinition steht? Was
ist anders bei C?

Erläuterungen zu den falschen Antworten:

(2) Die Mengen A und B sind nicht gleich: Die Funktionen in A haben in *allen* Punkten aus [0, 1] den Funktionswert 0, während von den Funktionen in B nur verlangt ist, dass sie im *festen* Punkt p eine Nullstelle haben.

(3) Wenn Sie diese Lösung gewählt haben, dann erschienen Ihnen die Mengen B und C gleich: Tatsächlich werden in beiden Fällen die Funktionen betrachtet, die „in einem Punkt p eine Nullstelle haben". Es gibt aber einen entscheidenden Unterschied, den die sprachliche Formulierung verschleiert: Die Funktionen in B haben eine *gemeinsame* Nullstelle, nämlich den vorab gewählten, festen Punkt p. Von den Funktionen in C wird dagegen nur verlangt, dass sie irgendwo im Intervall [0, 1] eine Nullstelle haben – die Nullstelle darf also von Funktion zu Funktion *verschieden* sein.

Richtige Antwort:

(1) Zunächst zur Gültigkeit der schwachen Inklusionen „$\subset$": Wenn eine Funktion in A liegt, dann ist sie in allen Punkten aus [0, 1] gleich Null, also auch im Punkt p, sie liegt daher in B. Und wenn eine Funktion in B liegt, dann gilt $f(p) = 0$, also gibt es einen Punkt, in dem sie den Funktionswert 0 hat, sie liegt daher in C. Um zu zeigen, dass die echten Inklusionen „$\subsetneq$" gelten, fehlt noch der Nachweis, dass die drei Mengen paarweise verschieden sind. Dazu reicht es, Funktionen $g : \mathbb{R} \to \mathbb{R}$ und $h : \mathbb{R} \to \mathbb{R}$ anzugeben, die dies in dem Sinne „bezeugen", dass gilt: $g \in C$, aber $g \notin B$, und $h \in B$, aber $h \notin A$. Um solche Funktionen anzugeben, wählen wir einen von p verschiedenen Punkt $q \in [0, 1]$ und definieren $g(x) := 0$ für $x = q$ und $g(x) := 1$ für $x \neq q$, sowie $h(x) := 1$ für $x = p$ und $h(x) := 1$ für $x \neq p$.

L 13

Vorbemerkung:
Für eine Abbildung $f : A \to B$ zwischen zwei Mengen A und B und eine beliebige Teilmenge $M \subset B$ ist die *Urbildmenge* von M (kurz: das *Urbild* von M) definiert als

$$f^{-1}(M) := \{a \in A \mid f(a) \in B\} \, . \tag{$*$}$$

Beachten Sie, dass in dieser Definition über f keine weiteren Annahmen gemacht werden.

Erläuterungen zu den falschen Antworten:
(1) Die Zahl 1 liegt nicht in der Urbildmenge. Wenn es so wäre, dann müsste $f(1)$ in der Menge $\{-1, 4\}$ liegen. Zudem: Es gibt neben 2 eine weitere Zahl a mit $f(a) = 4$.
(3) Dass -1 nicht als Funktionswert von f vorkommt, ist richtig. Davon hängt die Existenz der Urbildmenge aber nicht ab. Überlegen Sie: Welche Elemente $a \in \mathbb{R}$ haben die Eigenschaft $f(a) \in \{-1, 4\}$?
(4) Die Notation $f^{-1}(M)$ setzt nicht voraus, dass f invertierbar ist.

Richtige Antwort:
(2) Sie können so überlegen: Die Urbildmenge $f^{-1}(\{-1, 4\})$ besteht aus allen $a \in \mathbb{R}$, für die $f(a) \in \{-1, 4\}$, d.h. $a^2 \in \{-1, 4\}$, gilt. Letzteres gilt genau dann, wenn a^2 eine der Zahlen -1 oder 4 ist. Es kann a^2 nicht gleich -1 sein, aber es gibt zwei Möglichkeiten dafür, dass a^2 gleich 4 ist, nämlich $a = 2$ und $a = -2$. Dies sind also die zwei Elemente der Urbildmenge.
Als Alternative sehen Sie hier dieselbe Überlegung in formaler Schreibweise:

$$\begin{aligned}
a \in f^{-1}(\{-1, 4\}) &\iff f(a) \in \{-1, 4\} \\
&\iff a^2 \in \{-1, 4\} \\
&\iff a^2 = -1 \text{ oder } a^2 = 4 \\
&\iff \qquad\qquad a = 2 \text{ oder } a = -2
\end{aligned}$$

Weitergehende Hinweise:
Die Notation $f^{-1}(M)$ setzt nicht voraus, dass f invertierbar ist. Sie kann also auch bei Abbildungen wie $x \mapsto x^2$ verwendet werden. Achtung: *Wenn* f invertierbar ist, dann wird mit f^{-1} die Umkehrabbildung bezeichnet, und $f^{-1}(b)$ ist dann das Urbild eines Elements $b \in B$. Die in $(*)$ eingeführte Notation ist aber allgemeiner.

Über M macht die Notation $f^{-1}(M)$ keine Voraussetzungen, außer dass es eine Teilmenge der Zielmenge ist. So könnte M beispielsweise die leere Menge sein. Was ist in diesem Fall $f^{-1}(M)$? Oder M kann – wie in dieser Aufgabe – Elemente enthalten, die gar nicht in der Bildmenge von f enthalten sind. Welchen Einfluss hat das auf $f^{-1}(M)$?

L 14

Vorbemerkung:
Beim Begriff „abzählbar" sind zwei verschiedene Definitionen in Gebrauch:

(i) Man nennt eine Menge M *abzählbar*, falls es eine Bijektion $\mathbb{N} \to M$ gibt. (So findet es sich beispielsweise in [7].)

Etwas weiter gefasst ist folgende Version:

(ii) Man nennt eine Menge M *abzählbar*, falls es eine surjektive Abbildung $\mathbb{N} \to M$ gibt. (So findet es sich beispielsweise in [5].)

Der Unterschied liegt darin, dass in Version (ii) auch endliche Mengen abzählbar genannt werden. Man muss jeweils aus dem Zusammenhang entnehmen, welche Version verwendet wird. Hier legen wir (i) zugrunde.

Richtige Antwort:
(2) Wenn es eine Bijektion $\mathbb{R} \times \mathbb{Q} \to \mathbb{N}$ gäbe, dann könnte man durch Einschränken auf den ersten Faktor auch eine Bijektion $\mathbb{R} \to \mathbb{N}$ herstellen, die es aber nicht gibt.

L 15

Erläuterungen zu den falschen Antworten:
(1) Dies ist falsch, denn $-M$ muss kein Maximum haben, wie das Beispiel $M =]-\infty, 0]$ zeigt: In diesem Fall hat M das Maximum 0, aber $-M = [0, \infty[$ hat kein Maximum.
(3) $-M$ muss kein Maximum haben (siehe oben).
(4) Dies ist falsch, da $-M$ ein Minimum hat (wie in (2) gezeigt wird).

Richtige Antwort:
(2) Sei $b \in M$ Maximum von M, d.h. $b \geqslant x$ für alle $x \in M$. Dann folgt $-b \leqslant -x$ für alle $x \in M$, und dies ist äquivalent zu $-b \leqslant x$ für alle $x \in -M$. Also ist $-b$ Minimum von $-M$.

L 16

Erläuterungen zu den falschen Antworten:
(1) Die Aussage ist richtig, aber sie drückt nicht die Supremumseigenschaft aus. Sie wäre zum Beispiel auch für die Zahl $b + 1$ erfüllt.
(2) Die Aussage ist nicht richtig, denn b ist nicht in I enthalten.

Richtige Antwort:
(3) Diese Antwort entspricht genau der Definition des Supremums einer Menge I: Es ist die kleinste obere Schranke von I. Diese Aussage besteht aus zwei Teilaussagen: (i) Es ist eine obere Schranke. (ii) Es ist kleiner oder gleich allen oberen Schranken von I.

L 17

Vorbemerkung:
Berücksichtigen Sie insbesondere die folgende Konsequenz aus den Definitionen: Wenn a Maximum von M ist, dann gilt auf alle Fälle $a \in M$. Bei einem Supremum ist dies nicht so.

Erläuterungen zu den falschen Antworten:

(1) Das ist nicht richtig, man kann dies beispielsweise an offenen Intervallen wie $M =]0, 1[$ feststellen. Hier ist $a = 1$ Supremum, aber nicht Maximum. (Tatsächlich hat diese Menge gar kein Maximum – es gibt kein Element *im* Intervall $]0, 1[$, das größer als alle anderen Elemente ist.)

Richtige Antwort:

(2) Wenn die Zahl a Maximum von M ist, dann ist sie insbesondere eine obere Schranke für M. Da sie als Maximum per Definition in M enthalten ist, ist sie kleiner als jede andere obere Schranke. Somit ist sie Supremum von M.

___

L 18

Richtige Antwort:

(3) Es ist wahr, dass die Intervalle keine Intervallschachtelung bilden: Die Intervalle sind nicht geschachtelt (d.h., sie bilden keine Inklusionskette), da die linken Intervallgrenzen immer kleiner werden und daher das nächste Intervall nicht im vorigen enthalten ist.

Es gibt aber eine Zahl, nämlich 2, die in allen Intervallen enthalten ist.

Weitergehende Hinweise:

Hier sind die Voraussetzungen des Intervallschachtelungsprinzips nicht erfüllt. Trotzdem ist der Durchschnitt der Intervalle nicht leer. Darin liegt kein Widerspruch – das Intervallschachtelungsprinzip gibt ja keine *notwendige* Bedingung dafür an, dass der Durchschnitt nicht leer ist.

___

L 19

Erläuterungen zu den falschen Antworten:

(1) Negative $b \in \mathbb{R}$ haben keine Quadratwurzel in $\mathbb{R}$.

(2) Doch, es gibt Zahlen in $\mathbb{Q}^+$, die eine Quadratwurzel in $\mathbb{Q}^+$ haben, zum Beispiel 4, 9, 16, $\frac{9}{16}$.

(4) Doch, es ist eine Konsequenz aus der Vollständigkeit der reellen Zahlen, dass jede positive reelle Zahl eine Quadratwurzel in $\mathbb{R}$ hat.

Richtige Antwort:

(3) Das erste Beispiel, das man hierfür meist kennenlernt, ist die Zahl 2. Sie hat keine Quadratwurzel in $\mathbb{Q}^+$, anders ausgedrückt: Es gibt keine Bruchzahl $\frac{p}{q} \in \mathbb{Q}^+$ mit $(\frac{p}{q})^2 = 2$.

Weitergehende Hinweise:

Die Aufgabenformulierung übt auch den Umgang mit (verbal ausgedrückten) Quantoren wie „jede", „keine", „es gibt". Es ist in der Analysis (und generell in der Mathematik) außerordentlich wichtig, deren Bedeutungsunterschiede beim Lesen genau wahrzunehmen und diese Quantoren auch aktiv sehr bewusst und präzise zu verwenden.

L 20

Richtige Antwort:

(1) Ab dem Maximum der beiden Indizes ist auch die Summenfolge konstant.

Weitergehende Hinweise:

In der Aufgabenstellung sind bewusst keine benannten Indizes N und M angegeben, ab denen (a_n) bzw. (b_n) konstant sind. Es ist Teil der Aufgabe, die verbale Formulierung in diesem Sinne zu interpretieren (und als „es gibt ein N, so dass für alle $n \geqslant N$ ..." aufzufassen).

Eine Folge, zu der es einen Index gibt, ab dem sie konstant ist, wird übrigens auch *schließlich konstant* genannt.

L 21

Richtige Antwort:
(3) Aussage (A) besagt, dass es zu jeder positiven Zahl ε eine natürliche Zahl n gibt mit der Eigenschaft, dass $\frac{1}{n}$ kleiner als ε ist. Diese Aussage ist wahr, denn zu gegebenem ε kann man eine natürliche Zahl n wählen, die größer als $\frac{1}{\varepsilon}$ ist. Für diese gilt $\frac{1}{n} < \varepsilon$.

Aussage (B) besagt, dass es eine natürliche Zahl n gibt mit der Eigenschaft, dass der Bruch $\frac{1}{n}$ kleiner als jede positive ε Zahl ist. Diese Aussage ist nicht wahr, denn wenn eine Zahl kleiner als *jedes* positive ε ist, dann ist die Zahl $\leqslant 0$. Die Brüche $\frac{1}{n}$ sind aber alle positiv.

Da (A) wahr und (B) falsch ist, sind (A) und (B) nicht äquivalent.

L 22

Erläuterungen zu den falschen Antworten:
(2) Sie können dies mit einem Beispiel widerlegen, etwa mit $a_n :=$ $27 + \frac{1}{n}$, denn es gilt $a_n \to 27$, aber auch $a_{n+1} = 27 + \frac{1}{n+1} \to 27$.
(3) Dies können Sie mit demselben Beispiel widerlegen wie bei der die vorigen Antwort.

Richtige Antwort:
(1) Die Folgen $(a_n)_{n \in \mathbb{N}}$ und $(a_{n+1})_{n \in \mathbb{N}}$ unterscheiden sich nur um eine Verschiebung des Index um eine Position. Eine solche Verschiebung hat keinen Einfluss auf die Konvergenz und auch nicht auf den Grenzwert.

Sie können dies direkt anhand der Definition der Folgenkonvergenz zeigen: Die Aussage $\lim_{n \to \infty} a_{n+1} = 27$ bedeutet, dass es für jedes $\varepsilon > 0$ ein $N \in \mathbb{N}$ gibt mit

$$|a_{n+1} - 27| < \varepsilon \qquad \text{für alle } n \geqslant N.$$

Es folgt dann

$$|a_n - 27| < \varepsilon \qquad \text{für alle } n \geqslant N + 1.$$

Auf diese Weise können Sie jede endliche Indexverschiebung handhaben.

L 23

Vorbemerkung:
Beachten Sie, dass es bei Aussagen der Art

„Es gilt A, weil B gilt"

auf mehrere Aspekte ankommt: Ein *korrektes Argument* stellt eine solche Aussage nur dann dar, wenn sowohl A als auch B wahr sind und wenn es eine Legitimation für den Schluss von A auf B gibt.

Erläuterungen zu den falschen Antworten:
(1) Die Folgenglieder sind nicht alle gleich Null.
(2) Es stimmt nicht, dass die Folgenglieder ab einem bestimmten Index gleich Null sind.
(3) Es gibt hier kein Folgenglied, das gleich Null ist. Überdies: Ob es solche Folgenglieder gibt, hat gar keine Auswirkung darauf, ob die Folge eine Nullfolge ist.

Richtige Antwort:
(4) In der Tat ist kein einziges Folgenglied gleich Null, denn es gilt $\frac{1}{n} \neq 0$ für alle $n \in \mathbb{N}$. Die Folge ist trotzdem eine *Nullfolge*, d.h., sie konvergiert gegen 0. Ob es Folgenglieder gibt, die gleich 0 sind, hat darauf keine Auswirkung.

L 24

Erläuterungen zu den falschen Antworten:
(1) Diese Antwort drückt das häufige Missverständnis aus, dass man ε „wählen darf".

(2) Das trifft nicht zu, denn zum Beispiel in der Umgebung $U_{\frac{1}{2000}}(0)$ liegen nicht fast alle Folgenglieder.

(3) Das stimmt nicht, denn in jeder Umgebung von 0 liegen unendlich viele Folgenglieder (nämlich die Null, die als jedes zweite Folgenglied auftritt).

Richtige Antwort:

(4) Die Umgebung $U_{\frac{1}{1000}}(0)$ ist eine solche – dort sind die Glieder mit geraden Indizes nicht enthalten.

L 25

Erläuterungen zu den falschen Antworten:

(1) Hier wurde nur verwendet, dass die konstante Folge $(0, 0, 0, \ldots)$ den Grenzwert 0 hat – das stimmt.

(2) Hier wurde nur verwendet, dass für jedes $n \in \mathbb{N}$ die Gleichung $0 = (-1)^n + (-1)^{n+1}$ gilt. Auch daran ist nichts falsch.

Richtige Antwort:

(3) Hier wurde eine Rechenregel der Art $\lim_{n \to \infty} a_n + b_n = \lim_{n \to \infty} a_n + \lim_{n \to \infty} b_n$ verwendet. Allerdings ist diese Regel nur dann richtig, wenn (a_n) und (b_n) konvergente Folgen sind. Hier wurde sie aber auf divergente Folgen angewendet, und genau darin liegt ein Fehler.

Weitergehende Hinweise:

Auch beim vierten Gleichheitszeichen könnte man überlegen, ob ein Fehler vorliegt. Die Überlegung hier war: *Falls* der Grenzwert $\lim_{n \to \infty} (-1)^{n+1}$ existiert, dann ist er gleich $\lim_{n \to \infty} (-1)^n$, denn es wurde lediglich eine Indexverschiebung um eine Position durchgeführt (siehe Aufgabe 22).

L 26

Erläuterungen zu den falschen Antworten:

(2) Wenn $(a_n + b_n)$ konvergent ist, dann müssen (a_n) und (b_n)

nicht konvergent sein. Ein Beispiel hierfür ist durch $a_n = (-1)^n$ und $b_n = (-1)^{n+1}$ gegeben, denn die Summenfolge $(a_n + b_n)$ ist konvergent (da sie konstant gleich 0 ist), aber beide Folgen sind divergent.

Richtige Antwort:
(1) Dies ist einer der Sätze über konvergente Folgen („Wenn zwei Folgen konvergent sind, dann auch die Summenfolge").

L 27

Erläuterungen zu den falschen Antworten:
(2) Das ist nicht richtig, wie man zum Beispiel an der Folge $a_n = (-1)^n$ sehen kann.

Richtige Antwort:
(1) Wenn a_n gegen a konvergiert, dann konvergiert $|a_n|$ gegen $|a|$. Man kann dies direkt begründen, indem man eine Fallunterscheidung nach dem Vorzeichen von a vornimmt.

Weitergehende Hinweise:
Von etwas höherer Warte kann man sagen, dass die richtige Antwort gerade die Stetigkeit der Betragsfunktion zum Ausdruck bringt.

L 28

Vorbemerkung:
Wenn Sie bei der Beantwortung unsicher sind, dann ist es instruktiv, den Grenzwert in folgenden Beispielen auszurechnen: $a_n = 1/n$, $a_n = -1/n$, $a_n = 1/\sqrt{n}$, $a_n = 1/n^2$.

Erläuterungen zu den falschen Antworten:
(1) Die Rechnung ist falsch. Wenn man beispielsweise $a_n = \frac{1}{n}$ betrachtet, dann gilt

$$\lim_{n \to \infty} \frac{a_n + \frac{1}{n}}{\frac{1}{n}} = \lim_{n \to \infty} \frac{\frac{1}{n} + \frac{1}{n}}{\frac{1}{n}} = \lim_{n \to \infty} \frac{\frac{2}{n}}{\frac{1}{n}} = 2.$$

(2) Dasselbe Beispiel wie oben zeigt, dass die Rechnung nicht richtig ist, selbst wenn man $a_n > 0$ voraussetzt.

(4) Die Begründung stimmt nicht, denn der Grenzwert $\lim \frac{a_n}{a_n}$ ist immer gleich 1, auch wenn (a_n) divergent ist.

Richtige Antwort:

(3) Die erste Gleichung in $(*)$ ist tatsächlich nicht allgemein gültig. Man sieht dies beispielsweise anhand der oben genannten Folge $a_n = \frac{1}{n}$.

Weitergehende Hinweise:

Es ist eine häufige Fehlvorstellung, dass man immer „lim in algebraische Ausdrücke hineinziehen" kann. Hier könnte diese Vorstellung dazu führen, dass man annimmt, es würde gelten

$$\lim_{n\to\infty} \frac{a_n + \frac{1}{n}}{a_n} - \frac{\lim\limits_{n\to\infty} a_n + \lim\limits_{n\to\infty} \frac{1}{n}}{\lim\limits_{n\to\infty} a_n}. \tag{$*$}$$

Man würde anschließend $\lim\limits_{n\to\infty} \frac{1}{n} = 0$ benutzen und käme in Gleichung $(*)$ zum Ergebnis 1. Wenn aber $\lim\limits_{n\to\infty} a_n = 0$ gilt, dann gilt Gleichung $(*)$ nicht.

L 29

Erläuterungen zu den falschen Antworten:

(2) Das ist nicht richtig, denn auch wenn der Grenzwert $\geqslant 0$ ist, müssen nicht alle Folgenglieder $\geqslant 0$ sein. Ein Beispiel hierfür ist durch $a_n = -\frac{1}{n}$ gegeben.

Richtige Antwort:

(1) Wenn alle Folgenglieder $\geqslant 0$ sind, dann ist in der Tat auch der Grenzwert $\geqslant 0$.

Weitergehende Hinweise:
Dass die Implikation „$\Longleftarrow$" nicht gelten sein kann, lässt sich auch so begründen: Man kann bei einer konvergenten Folge endlich viele Glieder beliebig abändern, ohne dadurch das Konvergenzverhalten oder den Grenzwert zu verändern. Daher lässt sich von der Aussage, dass der Grenzwert nicht negativ ist, nicht darauf schließen, dass *alle* Folgenglieder nicht negativ sind – man könnte zum Beispiel a_1 zu -1 ändern, ohne $\lim a_n$ zu verändern.

L 30

Erläuterungen zu den falschen Antworten:
(1) Es ist wahr, dass es ein $n \in \mathbb{N}$ mit $a_n > 0$ geben muss, aber dies ist unter den gegebenen Alternativen nicht die stärkste mögliche Folgerung.
(2) Auch dies ist eine wahre Aussage, aber (3) ist stärker, denn „unendlich viele" würde beispielsweise auch zulassen, dass sich positive und negative Folgenglieder abwechseln.
(4) Das ist falsch, wie das Beispiel $a_n = 1 - \frac{100}{n}$ zeigt. Hier ist der Grenzwert positiv, aber nicht alle Folgenglieder. (Die ersten 99 Folgenglieder sind negativ.)

Richtige Antwort:
(3) Diese Aussage ist wahr, und sie ist hier die stärkste mögliche Folgerung, denn die beiden anderen wahren Aussagen sind ihrerseits Folgerungen aus (3).

Weitergehende Hinweise:
Dass Antwort (4) nicht richtig ist, lässt sich auch damit begründen, dass man einzelne Folgenglieder einer konvergenten Folge ändern könnte, ohne Konvergenz und Grenzwert zu beeinflussen (vgl. Hinweis zu Aufgabe 29).

L 31

Erläuterungen zu den falschen Antworten:
(1) Die Konvergenz kann man nicht folgern. Die Folge (n) ist ein Beispiel dafür: Sie ist streng monoton steigend, aber nicht konvergent.
(2) Die Folge könnte beschränkt sein und wäre dann zwangsläufig konvergent: Ein Beispiel hierfür ist die Folge $(-\frac{1}{n})$. Sie ist streng monoton steigend und konvergent.
(3) Die Folge $(-\frac{1}{n})$ widerlegt diese Antwort.

Richtige Antwort:
(4) Wie die obigen Beispiele zeigen, hängt es von der Folge ab – die Folge kann gegen eine reelle Zahl konvergieren oder auch nicht.

Weitergehende Hinweise:
Die Situation in der Aufgabenstellung erinnert an den Satz über monotone Folgen: Mit diesem Satz kann man auf Konvergenz schließen, wenn man weiß, dass die Folge beschränkt ist.

L 32

Vorbemerkung:
Es kann helfen, eine aufzählende Schreibweise zu verwenden:

$$(a_n)_{n \in \mathbb{N}} = (1, 2, 3, \dots)$$

Wie würde (b_n) in dieser Schreibweise aussehen?

Richtige Antwort:
(1) Eine Teilfolge entsteht aus einer gegebenen Folge, indem man eine streng monoton steigende Auswahl von Indizes $k_1 < k_2 < k_2 < \dots$ festlegt. Schreibt man

$$(a_n)_{n \in \mathbb{N}} = (1, 2, 3, \dots)$$
$$(b_n)_{n \in \mathbb{N}} = (1^2 + 1, 2^2 + 1, 3^2 + 1, \dots)$$
$$= (3, 5, 10, \dots).$$

so sieht man, dass dies hier der Fall ist. Es gilt nämlich:

$$b_n = a_{n^2+1}$$

Weitergehende Hinweise:
Teilfolgen bereiten manchmal Probleme – man kann sich die Auswahl an konkreten Beispielen verdeutlichen, muss aber trotzdem auch mit der allgemeinen (beispielunabhängigen) Schreibweise zurechtkommen: Ist $(a_n)_{n\in\mathbb{N}}$ eine Folge, so entsteht eine Teilfolge, indem man eine streng monoton steigende Folge von Indizes $(k_n)_{n\in\mathbb{N}}$ bildet und

$$b_n := a_{k_n}$$

setzt. In dieser Aufgabe wurde die Indexauswahl durch $k_n = n^2 + 1$ festgelegt.

L 33

Erläuterungen zu den falschen Antworten:
(1) Die Folge ist nicht konvergent, denn sie hat eine Teilfolge, die gegen unendlich geht: $(1, 2, 3, 4, 5, \ldots)$. (Sie ist aus den Folgengliedern mit ungeraden Indizes gebildet.)
(2) Wenn Sie diese Antwort gewählt haben, dann haben Sie vermutlich die konvergente Teilfolge $(1, \frac{1}{2}, \frac{1}{2}, \frac{1}{5}, \ldots)$ vor Augen. Tatsächlich gibt es aber noch weitere konvergente Teilfolgen.
(4) Die Teilfolge $(1, 2, 3, 4, 5, \ldots)$ ist nicht konvergent.

Richtige Antwort:
(3) Die Teilfolge $(1, \frac{1}{2}, \frac{1}{3}, \frac{1}{4}, \ldots)$, die aus den Folgengliedern mit ungeraden Indizes gebildet wird, ist konvergent. Man kann aber zusätzlich endlich viele Glieder mit geraden Indizes hinzunehmen. Das beeinflusst die Konvergenz nicht und liefert unendlich viele weitere konvergente Teilfolgen.

L 34

Erläuterungen zu den falschen Antworten:
(1) Das kann man nicht folgern. Um dies zu sehen, betrachten wir die Folge (a_n) mit $a_n := n$ für ungerade n und $a_n := 1$ für gerade n. Diese Folge ist unbeschränkt und hat genau einen Häufungswert.
(2) Hierfür ist die Folge (a_n) mit $a_n := n$ ein Gegenbeispiel. Sie ist unbeschränkt und hat keinen Häufungswert.
(3) Die obigen Beispiele zeigen, dass es unbeschränkte Folgen mit keinem oder nur einem einzigen Häufungswert gibt.

Richtige Antwort:
(4) Man kann in der Tat keine dieser Aussagen folgern. Die obigen Beispiele zeigen, dass verschiedene Anzahlen von Häufungswerten (je nach konkreter Folge) möglich sind.

L 35

Vorbemerkung:
In dieser Aufgabe wird der Begriff der *Cauchy-Folge* vertieft – Sie können hier überprüfen, ob Sie die Definition wirklich genau verstanden haben. Überlegen Sie zunächst: Wie ist der Begriff *Cauchy-Folge* definiert, und was besagt die Definition inhaltlich? Und wie ist der Zusammenhang zur Konvergenz?

Erläuterungen zu den falschen Antworten:
(1) Das ist falsch, denn die Folge ist divergent (sie ist *bestimmt divergent* gegen ∞).
(2) Es ist zwar wahr, dass die Folge bestimmt divergent ist (gegen ∞). Trotzdem ist dies nicht die richtige Antwort, denn dies löst den Widerspruch nicht auf.
(4) Das ist falsch, denn die Cauchy-Folgen sind genau die konvergenten Folgen. (Das ist der Inhalt des Cauchy-Kriteriums, das die Vollständigkeit der reellen Zahlen ausdrückt.)

Richtige Antwort:
(3) Cauchy-Folgen sind konvergent (das besagt das Cauchy-Kriterium). Da die Folge nicht konvergent ist, kann sie also keine Cauchy-Folge sein – der Fehler muss darin liegen, aus (ii) auf die Cauchy-Bedingung zu schließen.

Weitergehende Hinweise:
Diese Aufgabe greift ein häufiges Missverständnis zu Cauchy-Folgen auf. Man darf nicht nur die Abstände von *benachbarten* Folgengliedern ins Auge fassen, sondern muss *alle* Abstände $|a_m - a_n|$ hinreichend später Folgenglieder betrachten. Dann wird aber klar, dass hier keine Cauchy-Folge vorliegt: Betrachtet man beispielsweise $|a_{4n} - a_n| = \sqrt{4n} - \sqrt{n} = \sqrt{n} \to \infty$, dann sieht man, dass die Abstände von hinreichend späten Folgengliedern nicht beliebig klein werden.

L 36

Vorbemerkung:
Diese Aufgabe fördert das Tiefenverständnis der Cauchy-Bedingung. Machen Sie sich vorab klar, was die Cauchy-Bedingung genau besagt. Eine mögliche Herangehensweise an die Aufgabe ist dann, die Implikationen an bekannten Folgen wie $(\frac{1}{n})$ oder $(\frac{2}{n})$ zu testen.

Richtige Antwort:
(2) Wenn (∗) gilt, dann gilt auch die Cauchy-Bedingung, denn: Sei $\varepsilon > 0$ gegeben. Wähle N so, dass $\frac{1}{N} < \varepsilon$ gilt. Dann gilt für $m, n \geqslant N$ nach Voraussetzung $|a_n - a_m| < \frac{1}{n} \leqslant \frac{1}{N} < \varepsilon$, die Cauchy-Bedingung ist also erfüllt.
Die Umkehrung gilt nicht: Die Folge $(\frac{2}{n})$ erfüllt sicherlich die Cauchy-Bedingung. Aber sie erfüllt (∗) nicht, denn nicht für alle m, n mit $m \geqslant n$ gilt $\left|\frac{2}{n} - \frac{2}{m}\right| < \frac{1}{n}$.

L 37

Erläuterungen zu den falschen Antworten:

(1) Ob man eine explizite Formel findet und es schafft, explizit auf-zusummieren, ist für die Konvergenz völlig irrelevant (meistens wird dies trotz Konvergenz nicht gelingen).

(2) Auch bei $\sum \frac{1}{n}$ werden die Reihenglieder $\frac{1}{n}$ beliebig klein (sie bilden eine Nullfolge), aber die Reihe konvergiert nicht.

(3) Dass die Summanden nicht mehr größer werden, ist auch bei konvergenten Reihen im Allgemeinen falsch, zum Beispiel bei $\sum \frac{1}{n^2}$.

Richtige Antwort:

(4) Das ist in der Tat genau die Definition von Reihenkonvergenz: Die Folge der Partialsummen (das sind die immer länger wer-denden Summen) ist konvergent.

L 38

Vorbemerkung:

Hier geht es um das Verständnis des Konvergenzbegriffs für Reihen reeller Zahlen. Überlegen Sie (oder schlagen Sie nach), wie diese definiert ist und welche Rolle der Begriff *Partialsumme* dabei spielt.

Erläuterungen zu den falschen Antworten:

(1) Die Summanden bilden hier zwar eine konvergente Folge (sie konvergiert gegen 0), aber dies ist nicht der Grund dafür, dass die Reihe konvergiert. Denn dass die Glieder einer Reihe eine konvergente Folge bilden, reicht keinesfalls für die Konvergenz einer Reihe: Denken Sie beispielsweise an Reihen mit konstan-ten Gliedern $\neq 0$ wie $\sum_{n=1}^{\infty} 1$, die ja sicherlich divergent sind.

(2) Dass die Glieder einer Reihe eine Nullfolge bilden, ist eine *not-wendige* Bedingung für die Konvergenz der Reihe. Hinreichend ist diese aber nicht – das Musterbeispiel für dieses Phänomen ist die harmonische Reihe $\sum \frac{1}{n}$.

(4) Die Summen bilden hier sicherlich keine Nullfolge (alle Summen sind ja größer als 1). Wenn sie eine Nullfolge bilden würden, dann wäre die Reihe in der Tat konvergent (und hätte dann den Wert 0).

Richtige Antwort:
(3) Dass eine Reihe $\sum_{n=1}^{\infty} a_n$ konvergent ist, bedeutet per Definition, dass die *Partialsummen* $a_1 + \ldots + a_n$ eine konvergente Folge bilden. Die Summe, die in der Aufgabe angegeben ist, ist genau die n-te Partialsumme der gegebenen Reihe.

L 39

Erläuterungen zu den falschen Antworten:
(2) Ein reiner Rechenfehler ist es hier nicht, denn wenn man $k = 15$ in $\frac{10}{10-k}$ einsetzt, dann erhält man in der Tat -2.
(3) Doch, genau diese Formel wurde verwendet.
(4) Wenn alle Reihenglieder positiv sind, dann muss auch der Reihenwert positiv sein.

Richtige Antwort:
(1) Es liegt tatsächlich daran, dass die erste Gleichung in $(*)$ nicht für alle $k \in \mathbb{N}$ gilt. Die Formel $\sum_{n=0}^{\infty} q^n = 1/(1-q)$ gilt für diejenigen q, für die die Reihe konvergent ist, also für $|q| < 1$. Die Gleichung $(*)$ kann man daher nicht für alle $k \in \mathbb{N}$ behaupten, sondern nur für $1 \leqslant k \leqslant 9$.

L 40

Erläuterungen zu den falschen Antworten:
(1) Das ist falsch – dass die Glieder einer Reihe eine Nullfolge bilden, ist *notwendig* für die Konvergenz der Reihe, aber nicht *hinreichend*.
(2) Diese Antwort sieht auf den ersten Blick vielleicht nach einer Anwendung des Quotientenkriteriums aus, aber die An-

wendung ist falsch: Es reicht nicht, dass die Quotienten gegen 1 konvergieren – sie müssten sich durch eine Zahl $q < 1$ abschätzen lassen (was hier nicht gelingt).

(4) Die Reihe $\sum \frac{1}{n}$ ist zwar divergent, aber die hier behauptete Gleichung ist unsinnig (sie gilt nicht einmal für endliche Summen).

Richtige Antwort:

(3) Das ist eine Anwendung des Majorantenkriteriums in einem Widerspruchsargument: Wäre $\sum \frac{1}{\sqrt{n}}$ konvergent, dann wäre nach dem Majorantenkriterium auch $\sum \frac{1}{n}$ konvergent – aber Letzteres trifft ja nicht zu.

L 41

Erläuterungen zu den falschen Antworten:

(2) Die Aussage ist richtig, aber auf Konvergenz kann man mit ihr nicht schließen. Bedenken Sie, dass die Reihe $\sum \frac{n(n-1)}{n^2}$ nicht konvergent ist, da ihre Glieder nicht einmal eine Nullfolge bilden.

(3) Diese Aussage sieht ähnlich aus wie die Bedingung, die man bei der Anwendung des Quotientenkriteriums zu überprüfen hat. Aber: Beim Quotientenkriterium versucht man, die Quotienten der Reihenglieder abzuschätzen, hier werden stattdessen die Reihenglieder selbst abgeschätzt – das nützt leider nichts.

(4) Auch diese Aussage stimmt. Sie besagt, dass die Reihenglieder eine Nullfolge bilden. Das ist eine *notwendige* Bedingung für die Konvergenz der Reihe, aber keine hinreichende.

Richtige Antwort:

(1) Die Aussagen sind alle richtig, aber nur die Abschätzung durch $\frac{2}{n^2}$ erlaubt den Schluss auf Konvergenz. Da die Reihe $\sum \frac{1}{n^2}$ konvergent ist, ist auch $\sum \frac{2}{n^2}$ konvergent, und man kann mit dem Majorantenkriterium auf die Konvergenz schließen.

L 42

Erläuterungen zu den falschen Antworten:
(1) Das lässt sich nicht folgern, denn es könnte $a_n = \frac{1}{2n}$ sein, und dann wäre $a_n < \frac{1}{n}$, aber $\sum a_n$ ist divergent.
(2) Das lässt sich aus demselben Grund nicht folgern.
(3) Das lässt sich nicht folgern, denn es könnte $a_n = \frac{1}{2n^2}$ sein. Dann gilt $a_n < \frac{1}{n}$, und die Reihe $\sum a_n$ ist konvergent.

Richtige Antwort:
(4) Es lässt sich in der Tat keine dieser Aussagen folgern, da es von der Folge abhängt, ob die Reihe konvergiert.

Weitergehende Hinweise:
Dass sich aus einer gegebenen Aussage A (die über eine Folge (a_n) spricht) eine Aussage B folgern lässt, bedeutet, dass der Schluss von A auf B für *alle* Folgen (a_n) richtig ist. Das ist in diesem Beispiel aber nicht der Fall – hier hängt es von der Folge ab, ob B wahr ist.

L 43

Vorbemerkung:
Verdeutlichen Sie sich, was die Voraussetzung über die Folge (a_n) genau aussagt. (Man sagt in so einem Fall auch: „Die Folge ist *schließlich* konstant Null".)

Erläuterungen zu den falschen Antworten:
(1) Es stimmt, dass die Folge (a_n) eine Nullfolge ist, aber daraus kann man nicht auf die Konvergenz der Reihe schließen. (Denken Sie an die harmonische Reihe $\sum \frac{1}{n}$.)
(2) Die angegebene Abschätzung für a_n stimmt, aber auch daraus kann man nicht auf die Konvergenz der Reihe schließen.
(3) Die Folge $(\sum_{k=1}^{n} a_k)_{n \in \mathbb{N}}$ ist die Partialsummenfolge der Reihe. Über sie spricht man in Wirklichkeit, wenn man von der Konvergenz der Reihe spricht. Dass sie eine Nullfolge ist, kann man aber aus den Voraussetzungen nicht schließen. Die gegebene

Folge (a_n) könnte zum Beispiel so aussehen:

$$(a_n) = \begin{cases} 1, & \text{falls } n \leqslant N \\ 0, & \text{falls } n > N \end{cases}$$

Dann wäre

$$\sum_{k=1}^{n} a_k = \begin{cases} n, & \text{falls } n \leqslant N \\ N, & \text{falls } n > N \end{cases}$$

und somit wäre die Partialsummenfolge in diesem Fall keine Nullfolge (aber konvergent!).

Richtige Antwort:

(4) Die Partialsummenfolge ist ab dem Index N konstant und daher konvergent. Noch expliziter: Es gilt

$$\sum_{k=1}^{n} a_k = \sum_{k=1}^{N} a_k \qquad \text{für } n > N,$$

und daher konvergiert die Partialsummenfolge gegen den Wert $\sum_{k=1}^{N} a_k$.

L 44

Erläuterungen zu den falschen Antworten:

(1) Es stimmt, dass auf beiden Seiten dieselben Summanden stehen. (Mit anderen Worten: Die eine Reihe ist eine Umordnung der anderen.) Aber daraus lässt sich nicht auf die Gleichheit schließen.

(2) Die Konvergenz allein reicht nicht aus, um auf die Gleichheit schließen zu können – denn wäre die Konvergenz nicht *absolut*, so könnten die Reihenwerte trotz Konvergenz verschieden sein.

Richtige Antwort:

(3) Die Gleichheit lässt sich mit dem Umordnungssatz begründen: Bei einer absolut konvergenten Reihe sind auch alle Umordnungen konvergent und haben denselben Grenzwert.

L 45

Erläuterungen zu den falschen Antworten:
(2) In dieser Rechnung ist die erste Gleichung falsch. Während man
     konvergente Reihen zwar in der Form $\sum a_k + \sum b_k = \sum (a_k + b_k)$ addieren kann, ist eine Multiplikation, wie sie in der Auf-
     gabe angegeben ist, nicht richtig. (Überlegen Sie sich, dass dies
     schon bei endlichen Summen falsch ist!)

Richtige Antwort:
(1) Die erste Gleichung ist eine Anwendung des Satzes vom Cau-
     chy-Produkt. Die zweite gilt wegen

$$\sum_{m=0}^{k} q^m q^{k-m} = \sum_{m=0}^{k} q^k = (k+1)q^k \,.$$

L 46

Erläuterungen zu den falschen Antworten:
(1) Bei der komplexen Zahl $q := \frac{9}{10} + \frac{9}{10}i$ sind Realteil und Ima-
     ginärteil beide vom Betrag < 1. Die Zahl selbst aber hat einen
     Betrag > 1. Daraus folgt (siehe (4)), dass die Reihe nicht kon-
     vergent ist.
(2) Die Aussage über den Betrag ist falsch. Er ist in Wirklichkeit
     größer als 1.
(3) Die Aussage über $\frac{9}{10}$ ist falsch.

Richtige Antwort:
(4) Die Aussage über den Betrag ist richtig – der Betrag von $q :=
     \frac{9}{10} + \frac{9}{10}i$ ist in der Tat größer als 1. Daher ist q^n keine Nullfolge,
     und daher kann die Reihe nicht konvergent sein.

L 47

Vorbemerkung:
Während man bei Folgen oder Reihen von Konvergenz sprechen kann, fragen Sie sich vielleicht, inwiefern ein Dezimalbruch „konvergent" sein kann. Fragen Sie zunächst: Was ist überhaupt ein Dezimalbruch? Er ist in Wirklichkeit eine Reihe – im vorliegenden Beispiel könnten wir ihn auch so schreiben:

$$1 \cdot \tfrac{1}{10} + 2 \cdot \tfrac{1}{100} + 1 \cdot \tfrac{1}{1000} + 1 \cdot \tfrac{1}{10000} + 2 \cdot \tfrac{1}{100000} + \dots$$

Erläuterungen zu den falschen Antworten:
(2) In Wirklichkeit ist dieser Dezimalbruch *nicht* periodisch.
(3) Es stimmt, dass er nicht periodisch ist, aber das ist für die Konvergenz nicht entscheidend.
(4) Die unendlich vielen Nachkommastellen sind kein Hindernis. Bei Reihen hat man meistens unendlich viele Glieder.

Richtige Antwort:
(1) Jeder unendliche Dezimalbruch ist konvergent, egal ob periodisch oder nicht-periodisch. Man kann sich dies so überlegen: Der Nachkommaanteil eines Dezimalbruchs ist eine Reihe der Form

$$\sum_{n=1}^{\infty} a_n \frac{1}{10^n}$$

bei der die Koeffizienten a_n natürliche Zahlen im Bereich $0, \dots, 9$ sind (es sind die Nachkommastellen des Dezimalbruchs). Die Konvergenz der Reihe kann man zum Beispiel durch Abschätzung mit der geometrischen Reihe beweisen.

Weitergehende Hinweise:
Die in der Aufgabenstellung öfter genannte Periodizität entscheidet nicht über die Konvergenz, sondern darüber, ob der Wert des Dezimalbruchs (d.h. der Grenzwert der Reihe) *rational* ist.

L 48

Richtige Antwort:
(2) Der Fehler liegt beim zweiten Gleichheitszeichen: Es gilt $0^n = 0$
für $n \geqslant 1$, aber $0^0 = 1$.

L 49

Vorbemerkung:
Bei solchen Aufgabenstellungen ist es wichtig, nicht gleich mit Rechnungen zu beginnen, sondern zunächst die Struktur der Reihe zu analysieren: Aus welchen Bestandteilen ist sie aufgebaut? Welche davon sind Instanzen von bekannten Reihentypen?

Richtige Antwort:
(1) Man kann die Reihe als gliedweise Summe zweier geometrischer Reihen auffassen (mit $q = \frac{1}{2}$ bzw. $q = -\frac{1}{3}$). Die Summenformel für die geometrische Reihe liefert deren Werte als

$$\frac{1}{1 - \frac{1}{2}} = 2$$

bzw.

$$\frac{1}{1 + \frac{1}{3}} = \frac{3}{4}$$

L 50

Erläuterungen zu den falschen Antworten:
(2) Das Quotientenkriterium hilft hier aus vielen Gründen nicht:
   (a) Die Bedingung aus dem Quotientenkriterium ist zwar *hinreichend* für Konvergenz, aber nicht notwendig.
   (b) Das Kriterium arbeitet mit *absoluter* Konvergenz. Diese ist in der zu zeigenden Aussage nicht gegeben.

(3) Das Majorantenkriterium nützt aus denselben Gründen nicht, die auch schon das Quotientenkriterium hier unbrauchbar machen. Zudem ist nicht einmal die angegebene Ungleichung richtig (das hängt von der Größe von λ ab).

Richtige Antwort:

(1) Diese Antwort geht direkt auf die Definition der Reihenkonvergenz zurück (Konvergenz der Partialsummen) und zeigt dort einen durchsichtigen Beweis auf: Die Partialsummen der zwei Reihen sind

$$s_n = \sum_{i=0}^{n} a_i \quad \text{bzw.} \quad t_n = \sum_{i=0}^{n} \lambda a_i = \lambda s_n \,.$$

Also unterscheiden sich s_n und t_n nur um den Faktor λ, und die Rechenregeln für Folgenkonvergenz liefern die behauptete Äquivalenz.

L 51

Vorbemerkung:

Welche geometrische Form haben ε-Umgebungen $U_\varepsilon(a)$ in der komplexen Ebene $\mathbb{C}$? Und welche Möglichkeiten für den Schnitt zweier solcher Umgebungen gibt es daher prinzipiell?

Richtige Antwort:

(4) Hier wird der Schnitt zweier offener Kreisscheiben in $\mathbb{C}$ gebildet. Für solche gibt es nur zwei Möglichkeiten: Sie sind entweder disjunkt oder sie schneiden sich in unendlich vielen Punkten. Im konkreten Fall kann eine Zeichnung (oder Rechnung) zeigen, dass es unendlich viele Schnittpunkte gibt.

Weitergehende Hinweise:

In der Aufgabe wurden zwei *Kreisscheiben* miteinander geschnitten. Vergleichen Sie die Situation mit dem Schnitt zweier *Kreislinien*: Wie viele Schnittpunkte sind dabei möglich?

L 52

Erläuterungen zu den falschen Antworten:
(1) Man kann dies durch ein Gegenbeispiel widerlegen: $0 = \sin(\pi) \neq 2\sin(\pi/2) = 2$.
(3) Auch dies kann man widerlegen: $0 = \sin(\pi) \neq (\sin(\pi/2))^2 = 1$.
(4) Und auch hier zeigt ein Beispiel, dass es nicht stimmt: $0 = \sin(2 \cdot 0) \neq 2\cos 0 = 2$.

Richtige Antwort:
(2) Dass diese Aussage richtig ist, folgt aus dem Additionstheorem der Sinusfunktion:

$$\sin(2x) = \sin(x + x) = \sin x \cos x + \cos x \sin x = 2 \sin x \cos x$$

L 53

Erläuterungen zu den falschen Antworten:
(2) Dies kann man widerlegen, indem man konkrete Werte für x einsetzt, zum Beispiel $x = 0$.

Richtige Antwort:
(1) Dies erhält man, wenn man $\cos(3x) + i\sin(3x)$ als $\exp(3ix)$ schreibt und die Funktionalgleichung der Exponentialfunktion anwendet:

$$\begin{aligned}
\cos(3x) + i\sin(3x) &= \exp(3ix) \\
&= \exp(ix + ix + ix) \\
&= \exp(ix) \cdot \exp(ix) \cdot \exp(ix) \\
&= \exp(ix)^3 \\
&= (\cos x + i\sin x)^3
\end{aligned}$$

Weitergehende Hinweise:
Die Lösung sieht so aus, als wäre dies einfach nur eine Rechenaufgabe. Wenn Sie Rechnungen wie diese aber oft genug selbst

durchgeführt haben, dann werden Sie die Darstellung durch die Exponentialfunktion und die Anwendung der Funktionalgleichung in die in (1) gegebene Formel selbst „hineinsehen" können, ohne dass Sie die Rechnung tatsächlich schriftlich durchführen müssen. Man nennt diese Fähigkeit *structure sense*. Sie ermöglicht es einem, im Voraus einzuschätzen, wohin Rechnungen führen werden – bei der Planung von komplizierteren Argumentationen ist dies sehr hilfreich.

L 54

Erläuterungen zu den falschen Antworten:
(1) Diese Gleichung ist falsch – das kann man durch Einsetzen von Beispielwerten feststellen.
(2) Auch diese Gleichung ist falsch. (Beispielwerte einsetzen!)
(4) Die Gleichung sieht ähnlich aus wie eine Anwendung des binomischen Satzes, ist aber falsch – auch hier kann man dies durch Einsetzen von Beispielwerten sehen.

Richtige Antwort:
(3) Die Gleichung erhält man durch Anwendung des binomischen Satzes. Im Beweis der Funktionalgleichung kann man sie nutzen, denn die Brüche $\frac{(z+w)^n}{n!}$ sind genau die Glieder in der Reihendarstellung von $\exp(z + w)$.

L 55

Erläuterungen zu den falschen Antworten:
(1) Das kann man nicht folgern, denn es reicht nicht, $\lim f(a_n) = 0$ für *eine* Folge zu wissen. Man kann ganz leicht Funktionen definieren, für die $f(\frac{1}{n}) = 0$ ist, aber der Grenzwert nicht existiert (oder einen anderen Wert als 0 hat). Beispiel: $f(x) := 0$, falls x von der Form $\frac{1}{n}$ ist, und $f(x) = 1$ sonst.
(2) Das obige Gegenbeispiel zeigt, dass man auch dies nicht folgern kann.

(3) Man kann in der Tat keines von beiden folgern.

Richtige Antwort:
(4) Wenn f als stetig vorausgesetzt wäre, dann würde aus $a_n \to a$ in der Tat $f(a_n) \to a$ folgen, und es wären dann beide Folgerungen korrekt. Da f aber unstetig sein kann, muss keines von beiden gelten, wie das obige Gegenbeispiel zeigt.

L 56

Erläuterungen zu den falschen Antworten:
(1) Das $\varepsilon\delta$-Kriterium und das Folgenkriterium sind äquivalent. Was man mit dem einen beweisen kann, das kann man auch mit dem anderen beweisen. (Von Fall zu Fall kann aber durchaus eines von beiden günstiger sein, d.h. einen einfacheren Beweis ermöglichen.)
(2) Man muss für *jedes* ε ein δ mit der passenden Eigenschaft finden. Insofern ist ε niemals fest vorgegeben.
(4) Mit $\delta := \varepsilon \cdot |x|$ ist die $\varepsilon\delta$-Bedingung tatsächlich *nicht* erfüllt (zum Beispiel wenn man die Stetigkeit im Nullpunkt zeigen möchte).

Richtige Antwort:
(3) Wählt man $\delta := \varepsilon$, dann gilt offenbar für alle $x \in \mathbb{R}$

$$|x - a| < \delta \implies |x - a| < \varepsilon,$$

und dies ist in diesem Fall genau die Bedingung, die für die Stetigkeit an einer Stelle $a \in \mathbb{R}$ nachzuweisen ist.

L 57

Vorbemerkung:
Erinnern Sie sich an die genaue Formulierung des $\varepsilon\delta$-Kriteriums: Welche der Zahlen ε und δ ist *gegeben*, und welche ist zu *finden*, so dass eine gewisse Bedingung erfüllt ist?

Erläuterungen zu den falschen Antworten:
(1) Beim $\varepsilon\delta$-Kriterium hat man zu *gegebenem* ε ein δ zu *finden*, so dass gilt $|x - a| < \delta \implies |f(x) - b| < \varepsilon$.
(2) Es ist wie bei der vorigen Antwort: Wir haben zu gegebenem ε ein δ zu finden, nicht umgekehrt.
(4) Die Logik ist prinzipiell richtig: Zu gegebenem ε müssen wir ein δ angeben. Allerdings erfüllt das angegebene $\delta = 2\varepsilon$ nicht die Bedingung $|x - 3| < \delta \implies |2x - 6| < \varepsilon$. Denn beispielsweise für $\varepsilon = 1$ und $x = 2$ gilt $|x - 3| < 2\varepsilon$, aber nicht $|2x - 6| < \varepsilon$.

Richtige Antwort:
(3) Dies ist in der Tat eine korrekte Möglichkeit. Wenn wir zu gegebenem $\varepsilon > 0$ die Zahl δ als $\varepsilon/2$ wählen, dann gilt

$$|x - 3| < \delta = \frac{\varepsilon}{2} \implies |2x - 6| < \varepsilon.$$

L 58

Erläuterungen zu den falschen Antworten:
(1) Die Gleichung $f(x)g(x) = 0 \cdot g(x) = 0$ wäre richtig, wenn $f(x) = 0$ für alle x gelten würde. Aber dies folgt aus $\lim f(x) = 0$ nicht, wie man zum Beispiel an der Funktion $f : x \mapsto x$ sieht.
(2) Die Rechenregel $\lim fg = \lim f \cdot \lim g$ gilt nur, falls neben $\lim f$ auch $\lim g$ existiert, was hier nicht der Fall sein muss. Am Beispiel $f(x) = x$, $g(x) = 1/x$ sieht man, dass $\lim f(x)g(x) \neq 0$ gelten kann.
(3) Dass man dies nicht folgern kann, zeigt der Fall, in dem f die Nullfunktion ist. Hier gilt durchaus $\lim f(x)g(x) = 0$.

Richtige Antwort:
(4) Die oben angegebenen Beispiele zeigen, dass $\lim f(x)g(x)$ gleich 0 oder ungleich 0 sein kann, je nach der Beschaffenheit von g. Darüber hinaus kann es auch vorkommen, dass $\lim f(x)g(x)$ überhaupt nicht existiert, zum Beispiel bei $f(x) = x$, $g(x) = 1/x^2$.

L 59

Erläuterungen zu den falschen Antworten:

(2) Die Funktion könnte zum Beispiel zunächst linear fallend sein (zum Beispiel $f(x) = 1 - \frac{1}{18}(x - 1)$ für $x < 10$), dann eine Sprungstelle haben und danach weiter fallen (beispielsweise $f(x) = 9 - x$ für $x \geqslant 10$). Sie wäre dann streng monoton fallend, hätte aber keine Nullstelle.

Richtige Antwort:

(1) Dass f eine Nullstelle haben muss, folgt aus dem Zwischenwertsatz: Da die Funktion auf dem Intervall $[1, 10]$ stetig ist, nimmt sie jeden Wert zwischen $f(1)$ und $f(10)$ an, d.h. jeden Wert zwischen 1 und -1, also auch den Wert 0.

L 60

Erläuterungen zu den falschen Antworten:

(2) Die Funktion könnte beschränkt sein – dies sieht man beispielsweise an der Funktion $f : [0, 1] \to \mathbb{R}$ mit $f(x) = x$ für $x < 1$ und $f(1) = 0$. Sie ist beschränkt, hat aber kein Maximum. (Man kann eine analoge Konstruktion für jedes nicht-triviale Intervall $[a, b]$ durchführen.)

Richtige Antwort:

(1) Wäre die Funktion stetig, dann müsste sie – da sie auf einem kompakten Intervall definiert ist – sowohl Minimum als auch Maximum annehmen.

L 61

Erläuterungen zu den falschen Antworten:

(1) Die Funktion $x \mapsto x$ ist stetig und hat kein Maximum.

(2) Trotz Beschränktheit muss kein Maximum vorliegen: Setze $f(x) = -1$ für $x < 1$ und $f(x) = -\frac{1}{x}$ für $x \geqslant 1$.

(3) Unstetige Funktionen können durchaus ein Maximum haben. Eine Treppenfunktion mit zwei Treppenstufen wäre ein einfaches Beispiel hierfür.

Richtige Antwort:
(4) Wie man an den Gegenbeispielen sieht, ist keine der Aussagen richtig.

Weitergehende Hinweise:
Richtig ist, dass eine stetige Funktion auf einem *kompakten* Intervall Maximum und Minimum hat. Doch hier ging es um Funktionen auf ganz $\mathbb{R}$.

L 62

Erläuterungen zu den falschen Antworten:
(1) Wenn f beispielsweise die Identität ist, $x \mapsto x$, dann wäre die Bildmenge gleich der Definitionsmenge, also gleich $[0, 1] \cup [2, 3]$. Diese Menge ist aber echt kleiner als $[0, 3]$.
(2) Das obige Beispiel zeigt, dass es kein Intervall sein muss.
(3) Das ist bei manchen Funktionen so, zum Beispiel bei der Identität (oder allgemeiner bei monoton steigenden Funktionen). Es ist aber nicht bei allen Funktionen so – die folgende Funktion ist ein Gegenbeispiel: $f(x) = x$ für $x \in [0, 1]$ und $f(x) = 0$ für $x \in [2, 3]$.

Richtige Antwort:
(4) Als stetige Funktion muss f das Intervall $[0, 1]$ auf ein Intervall I abbilden. Ebenso muss f das Intervall $[2, 3]$ auf ein Intervall J abbilden. Die Bildmenge von f ist dann $I \cup J$.

L 63

Erläuterungen zu den falschen Antworten:
(1) Die Wurzelfunktion $\mathbb{R}_0^+ \to \mathbb{R}$, $x \mapsto \sqrt{x}$ ist im Nullpunkt nicht differenzierbar. Daher kann auch die Funktion f dort nicht dif-

ferenzierbar sein, da sie eine Fortsetzung der Wurzelfunktion ist.

(2) Die Funktion ist nicht differenzierbar (siehe (1)). Die y-Achse sieht geometisch in der Tat wie eine „Tangente" an den Graphen von f aus (mit „unendlicher" Steigung). Allerdings hat die Funktion im Nullpunkt keine Ableitung – als Ableitungen kommen nur reelle Zahlen in Betracht.

(3) Es stimmt, dass f im Nullpunkt nicht differenzierbar ist, aber es gilt $\lim_{\substack{x \to 0 \\ x \neq 0}} f'(x) = \infty$ (siehe (4)).

Richtige Antwort:

(4) Da die Wurzelfunktion im Nullpunkt nicht differenzierbar ist, kann auch f dort nicht differenzierbar sein, da f eine Fortsetzung der Wurzelfunktion ist. Es gilt $f'(x) = \frac{1}{2\sqrt{x}}$ für $x > 0$ und $f'(x) = \frac{1}{2\sqrt{-x}}$ für $x < 0$. Daraus folgt $\lim_{\substack{x \to 0 \\ x \neq 0}} f'(x) = \infty$.

L 64

Erläuterungen zu den falschen Antworten:

(1) Die Funktion ist differenzierbar (denn sie ist gleich der Funktion $x \mapsto x^2$). Jedoch lässt sich das so nicht korrekt begründen, denn $x \mapsto |x|$ ist *nicht* differenzierbar.

(2) Die Funktion ist differenzierbar, *obwohl* $x \mapsto |x|$ nicht differenzierbar ist. (Man ersieht hieraus: Ist f eine nicht differenzierbare Funktion, so kann f^2 durchaus differenzierbar sein.)

Richtige Antwort:

(4) In der Tat ist hier keine der beiden Argumentationen korrekt. Die Aussage „Wenn f differenzierbar ist, dann ist auch f^2 differenzierbar" ist zwar wahr. Ein korrektes Argument wird daraus aber erst, wenn man es auf eine differenzierbare Funktion f anwendet.

L 65

Erläuterungen zu den falschen Antworten:

(1) Das besagt der Mittelwertsatz nicht. Und man kann sich an einem Beispiel verdeutlichen, dass diese Aussage falsch ist: Bei der Funktion $f : [0, 2] \to \mathbb{R}$, $x \mapsto x$, ist $f(2) - f(0) = 2$, aber die Tangentensteigung ist überall gleich 1.

Richtige Antwort:

(2) Der Mittelwertsatz sichert die Existenz einer Stelle c, für die gilt:

$$\frac{f(b) - f(a)}{b - a} = f'(c)$$

Auf der rechten Seite dieser Gleichung steht die Tangentensteigung an der Stelle c und auf der linken Seite die Steigung der Gerade durch die Punkte $(a, f(a))$ und $(b, f(b))$. Diese ist eine Sekante des Graphen.

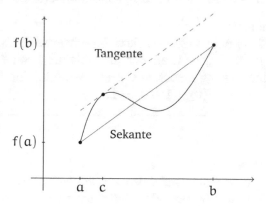

L 66

Erläuterungen zu den falschen Antworten:

(2) Eine Stelle mit verschiedenen Tangentensteigungen muss es

nicht geben. Wenn beispielsweise $f = g$ gilt, dann sind die Steigungen überall gleich.

Richtige Antwort:
(1) Dies kann man so folgern: Für die Differenzfunktion $h := f - g$ gilt $h(a) = h(b) = 0$. Nach dem Satz von Rolle gibt es daher eine Stelle $c \in [a, b]$ mit $h'(c) = 0$, d.h. $f'(c) - g'(c) = 0$. An der Stelle c haben die beiden Funktionen also dieselbe Tangentensteigung.

L 67

Erläuterungen zu den falschen Antworten:
(1) Die Funktion $f : x \to x$ zeigt, dass es kein ξ mit $f'(\xi) = 0$ geben muss. In diesem Beispiel gilt $f'(x) = 1$ für alle x.
(3) Der Wert 0 muss nicht als Ableitung vorkommen.
(4) Der Wert 1 muss als Ableitung vorkommen (siehe (2).)

Richtige Antwort:
(2) Die Behauptung folgt aus dem Mittelwertsatz: Es muss eine Stelle in $[0, 1]$ geben, an der die Ableitung von f gleich der Sekantensteigung zwischen 0 und 1 ist, d.h. eine Stelle η mit $f'(\eta) = (f(1) - f(0))/(1 - 0) = 1$.

L 68

Richtige Antwort:
(3) In der Tat sind die zwei Aussagen äquivalent. Die Implikation „⇒" kann man anhand der Definition von Differenzierbarkeit zeigen, die Implikation „⇐" kann man mit dem Mittelwertsatz beweisen.

L 69

Erläuterungen zu den falschen Antworten:

(1) Die Funktion $x \mapsto x^3$ auf $\mathbb{R}$ ist streng monoton steigend, aber ihre Ableitung ist nicht überall positiv.

Richtige Antwort:

(2) Dies ist richtig, man kann es mit dem Mittelwertsatz beweisen.

L 70

Erläuterungen zu den falschen Antworten:

(2) Doch, unter diesen Bedingungen hat eine Funktion sicher ein lokales Extremum. Die Bedingung $f''(0) \neq 0$ ist hier aber nicht erfüllt.

(3) Die Funktion hat kein lokales Extremum in 0.

(4) Die Funktion hat kein lokales Extremum in 0, und $f''(0) \neq 0$ ist nicht erfüllt.

Richtige Antwort:

(1) Genau dies ist hier der Fall. Die Funktion hat kein lokales Extremum in 0, und die erste und zweite Ableitung sind dort gleich Null.

L 71

Erläuterungen zu den falschen Antworten:

(1) Doch, die Funktion hat ein Extremum in 0, nämlich ein Minimum.

(2) Doch, unter diesen Bedingungen hat eine Funktion sicher ein Extremum, die Bedingung $f''(0) \neq 0$ ist hier aber nicht erfüllt.

(4) Die Bedingung $f''(0) \neq 0$ ist hier nicht erfüllt.

Richtige Antwort:

(3) Ja, die Funktion hat ein Extremum in 0, nämlich ein Minimum, und die erste und zweite Ableitung sind dort gleich Null.

L 72

Erläuterungen zu den falschen Antworten:
(1) Die Funktion $x \to x^3$ ist hierfür ein Gegenbeispiel.
(3) Die Funktion $x \to x^4$ ist hierfür ein Beispiel.
(4) Dass f in 0 sowohl ein lokales Maximum als auch ein lokales Minimum hat, klingt zunächst widersprüchlich, ist aber möglich. Allerdings muss f dann in einer Umgebung von 0 konstant sein. Die Funktion $f : x \mapsto x^3$ zeigt aber, dass $f''(0) = 0$ gelten kann, ohne dass f um 0 konstant ist.

Richtige Antwort:
(2) Unter dieser Voraussetzung *kann* f im Nullpunkt ein lokales Extremum haben, muss es aber nicht: Die Funktionen $x \mapsto x^3$ und $x \mapsto x^4$ erfüllen beide die Bedingung $f''(0) = 0$. Im ersten Fall liegt kein lokales Extremum vor, im zweiten ein lokales Minimum.

Weitergehende Hinweise:
Es kann zum Verständnis der Unterschiede zwischen „muss", „kann" und „kann nicht" hilfreich sein, die Aussagen mit Quantoren auszudrücken, d.h. in der Form $\forall f : \ldots$ bzw. $\exists f : \ldots$

L 73

Erläuterungen zu den falschen Antworten:
(1) In Wirklichkeit gilt $\cos' x = -\sin x$ und $\sin' x = \cos x$.
(2) Es sieht nach einer Anwendung der Regel von l'Hospital aus, aber die Regel ist hier nicht anwendbar, denn die Funktion im Zähler geht für $x \searrow 0$ nicht gegen 0.
(4) Die zweite Gleichung ist gültig, hier wurden lediglich die Ableitungen berechnet.

Richtige Antwort:
(3) Der Fehler liegt in der Tat an der ersten Gleichung. In Wirklichkeit gilt $\lim_{x \searrow 0} \frac{\cos x}{\sin x} = \infty$, da der Zähler gegen 1 und der Nenner von oben gegen Null geht.

L 74

Erläuterungen zu den falschen Antworten:

(1) Die zwei vertikalen Striche bei $\|f\|$ bedeuten nicht, dass hier „Betrag vom Betrag" steht. In Wirklichkeit ist $f \mapsto \|f\|$ die Abbildung, die einer Funktion f ihre Supremumsnorm $\|f\|$ zuordnet.

(2) Es ist $\|f\|$ kein von x abhängiger Wert, sondern eine reelle Zahl, die sich auf die Funktion *als Ganzes* bezieht. So ist etwa $\|\sin\| = 1$, obwohl die Punkte des Graphen der Sinusfunktion von der x-Achse in Abständen von 0 bis 1 liegen (je nachdem, in welchem Punkt des Graphen man den Abstand betrachtet).

(4) Hierfür ist die Sinusfunktion ein Gegenbeispiel. Sie hat Nullstellen, aber es gilt $\|\sin\| = 1$.

Richtige Antwort:

(3) Allgemein ist $\|f\|$ das Supremum aller Beträge $|f(x)|$, wenn x den Definitionsbereich von f durchläuft. Da die Funktion hier als stetig vorausgesetzt ist, wird das Supremum an einer Stelle $c \in [a, b]$ angenommen, ist also tatsächlich der *maximale* Abstand und wird als Abstand der Punkte $(c, f(c))$ und $(c, 0)$ realisiert.

L 75

Erläuterungen zu den falschen Antworten:

(2) Doch, unter diesen Voraussetzungen wäre die Grenzfunktion stetig. Im vorliegenden Beispiel liegt allerdings keine gleichmäßige Konvergenz vor.

(3) Hier sind alle Funktionen f_n stetig. Selbst wenn sie es nicht wären, könnte die Grenzfunktion dennoch stetig sein.

(4) Dass die Grenzfunktion einer Funktionenfolge stetig sein kann, ohne dass alle Folgenglieder stetig sind, ist zwar richtig. Aber hier sind alle Folgenglieder stetig (es sind Potenzfunktionen).

Richtige Antwort:

(1) Die Folge ist sogar ein Standardbeispiel für genau dieses Phänomen. Alle Funktionen f_n sind stetig (es sind Potenzfunktionen),

aber die Grenzfunktion f mit $f(x) = 0$ für $0 \leqslant x < 1$ und
$f(1) = 1$ ist unstetig im Punkt 1.

L 76

Erläuterungen zu den falschen Antworten:
(1) Das könnte man mit Hilfe der Abschätzung schließen, *falls* es
    auch für die Exponentialreihe gelten würde – aber das ist nicht
    der Fall.
(3) Das könnte man schließen, aber es ist hier nicht die stärkste
    mögliche Aussage.

Richtige Antwort:
(2) Von der Exponentialreihe $\sum f_n = \sum \frac{x^n}{n!}$ weiß man, dass auf
    jedem *beschränkten* Intervall $I \subset \mathbb{R}$ die Reihe der Supremums-
    normen $\sum \|f\|_n$ konvergent ist. Wegen der Abschätzung $(*)$ gilt
    dies daher auch für die untersuchte Reihe. Mit dem Weierstraß-
    Kriterium folgt daraus (wie bei der Exponentialreihe) die *lokal-
    gleichmäßige* Konvergenz.

L 77

Erläuterungen zu den falschen Antworten:
(2) Der Schluss auf Differenzierbarkeit ist hier nicht möglich.
    Ein Beispiel hierfür stellt die Folge der Funktionen $f_n : x \mapsto$
    $\sqrt{x^2 + \frac{1}{n^2}}$ zusammen mit der Funktion $f : x \mapsto |x|$ dar. Es gilt
    $\|f_n - f\| \leqslant \frac{1}{n}$, aber die Grenzfunktion f ist im Nullpunkt nicht
    differenzierbar.
(3) Dies ist eine korrekte Folgerung. Allerdings ist es hier nicht die
    stärkste korrekte Folgerung.
(4) Schlüsse auf Differenzierbarkeit sind hier nicht möglich – selbst,
    wenn man sich auf Intervalle um 0 beschränkt: Bei der in der
    Erläuterung zu (2) betrachteten Funktionenfolge ist die Grenz-
    funktion im Nullpunkt nicht differenzierbar – sie ist daher auch

auf keinem Intervall $[-r, r]$ differenzierbar.

Richtige Antwort:
(1) Man kann aus der Voraussetzung $\|f_n - f\| \leqslant \frac{1}{n}$ auf die gleichmäßige Konvergenz der Folge (f_n) gegen die Grenzfunktion f schließen. Daraus folgt dann die Stetigkeit von f.

Weitergehende Hinweise:
Die gleichmäßige Konvergenz reicht nicht aus, um bei einer Funktionenfolge auf die Differenzierbarkeit der Grenzfunktion schließen zu können. Das zeigt das oben erwähnte Beispiel. Für den in dieser Situation einschlägigen Satz braucht man auch Informationen über die Folge der Ableitungsfunktionen.

L 78

Erläuterungen zu den falschen Antworten:
(1) Dies ist gar kein zusätzliches Argument, da die punktweise Konvergenz aus der gleichmäßigen Konvergenz folgt.
(2) Die Reihe ist keine Potenzreihe, denn sie ist nicht von der Form $\sum a_n x^n$ mit Koeffizienten $a_n \in \mathbb{R}$.
(4) Dass die Reihe punktweise konvergent ist, ist zwar richtig, genügt aber nicht als Argument.

Richtige Antwort:
(3) Die Reihe $\sum \frac{\sin(nx)}{n^2}$ ist (bis auf das Vorzeichen) die gliedweise abgeleitete Reihe. Ihre gleichmäßige Konvergenz ist in der Tat ein hinreichendes Argument dafür, dass die Grenzfunktion der Reihe $(*)$ differenzierbar ist.

L 79

Vorbemerkung:
Diese Funktionenreihe ist eine Potenzreihe. Ihr Konvergenzbereich ist daher ein Intervall um den Nullpunkt. Den Konvergenzradius

kann man beispielsweise mit der Formel von Hadamard bestimmen. (Die Koeffizienten sind in dieser Aufgabe so gewählt, dass man dies im Kopf durchführen kann.)

Richtige Antwort:
(4) Es gilt:

$$\sqrt[n]{|a_n|} = \sqrt[n]{n^n} = n \to \infty$$

Die Formel von Hadamard besagt, dass der Konvergenzradius gleich

$$\frac{1}{\limsup\limits_{n \to \infty} \sqrt[n]{|a_n|}} \in \mathbb{R} \cup \{\infty\}$$

ist. Hier erhalten wir damit also den Wert 0. (Man hat für die Zwecke dieser Formel 0 und ∞ als zueinander „reziprok" aufzufassen.) Die Reihe ist also nur im Nullpunkt konvergent und stellt daher auf keinem echten Intervall eine differenzierbare Funktion dar.

L 80

Erläuterungen zu den falschen Antworten:
(1) Das ist richtig, aber es ist nicht die stärkste Aussage.
(3) Das ist richtig, falls $n \geqslant d$ ist. Falls aber $n < d$ ist, dann ist das Taylor-Polynom von kleinerem Grad als f und kann schon deshalb nicht gleich f sein.

Richtige Antwort:
(2) Das ist richtig, und ganz allgemein gilt: Funktion und n-tes Taylor-Polynom stimmen im Entwicklungspunkt in den Ableitungen bis zur Ordnung n überein.

L 81

Richtige Antwort:
(4) Dies folgt aus dem Satz von Taylor (unter Verwendung des Lagrangeschen Restglieds).

L 82

Vorbemerkung:
Diese Frage lässt sich mit dem Satz von Taylor auf folgende Weise bearbeiten: Aufgrund der Voraussetzung $f'(0) = f''(0) = 0$ hat f in einer Umgebung von 0 eine Darstellung $f(x) = f(a) + R_2(x)$, wobei

$$R_2(x) = \frac{f'''(\xi)}{6}x^3$$

das Lagrangesche Restglied ist und ξ zwischen x und 0 liegt.

Erläuterungen zu den falschen Antworten:
(1) Die Funktion $x \mapsto x^3$ ist ein Gegenbeispiel hierfür.
(2) Die Funktion $x \mapsto x^3$ ist auch hierfür ein Gegenbeispiel.
(4) Es hat f sicher kein lokales Extremum, wie in (3) begründet wird.

Richtige Antwort:
(3) Da nach Voraussetzung $f'''(0) > 0$ gilt, folgt aus der Stetigkeit von f''', dass auch $f'''(\xi) > 0$ gilt (falls x nahe genug an 0 liegt). Dies zeigt, dass R_2 bei 0 das Vorzeichen wechselt. Daher kann in 0 kein lokales Extremum vorliegen.

L 83

Erläuterungen zu den falschen Antworten:
(1) Die Funktion

$$f : \mathbb{R} \to \mathbb{R}$$

$$x \mapsto \begin{cases} \exp\left(-\dfrac{1}{x^2}\right), & \text{falls } x \neq 0, \\ 0, & \text{falls } x = 0 \end{cases}$$

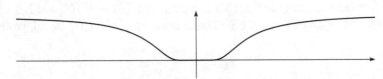

zeigt, dass dies nicht stimmen kann: Bei dieser Funktion sind im Nullpunkt *alle* Ableitungen gleich Null. (Das sieht man nicht auf den ersten Blick, kann es aber per Induktion nachweisen.) Im Nullpunkt hat f aber ein (sogar globales) Minimum – man würde dies also mit Hilfe von Ableitungen nicht erkennen.

(2) Das obige Beispiel widerlegt auch dies.
(4) Es gilt nicht *nur* für Polynomfunktionen, wie zum Beispiel die Sinusfunktion zeigt.

Richtige Antwort:
(3) Für Polynomfunktionen gilt dies. Bei diesen können in einem gegebenen Punkt nicht alle Ableitungen verschwinden können, außer es handelt sich um die Nullfunktion. Man kann dann mit dem Satz von Taylor entscheiden, ob ein lokales Extremum vorliegt oder nicht.

L 84

Erläuterungen zu den falschen Antworten:
(1) Wenn es eine Untersumme wäre, dann müsste in jedem Teilintervall das Infimum (hier: Minimum) der Funktionswerte be-

trachtet werden. Das wurde im linken Teilintervall aber nicht getan.

(2) Wenn es eine Obersumme wäre, dann müsste in jedem Teilintervall das Supremum (hier: Maximum) der Funktionswerte betrachtet werden. Das wurde im rechten Teilintervall aber nicht getan.

Richtige Antwort:

(3) Es handelt sich um eine Riemann-Summe, denn in beiden Teilintervallen wurden Rechtecke gebildet, deren Höhe (bzw. „Tiefe") einer der Funktionswerte ist – im linken Teilintervall wurde das Maximum gewählt, im rechten das Minimum.

L 85

Vorbemerkung:

Riemann-Summen sind Bausteine bei der Definition des Riemann-Integrals. Zu gegebener Funktion $f : [a, b] \to \mathbb{R}$, einer gewählten Zerlegung $Z = (x_0, \ldots, x_n)$ des Intervalls $[a, b]$ und gewählten Stützstellen $\xi_i \in [x_{i-1}, x_i]$ ist die Riemann-Summe $S(f, Z, \xi)$ definiert als die Summe $\sum_{i=1}^{n} f(\xi_i)(x_i - x_{i-1})$.

Richtige Antwort:

(2) Die Summanden in einer Riemann-Summe haben die Gestalt $f(\xi_i)(x_i - x_{i-1})$. Jeder dieser Summanden entspricht einer (orientierten) Rechtecksfläche, wobei die Breite durch $x_i - x_{i-1}$ und die Höhe (mit Vorzeichen) durch $f(\xi_i)$ gegeben ist.

Weitergehende Hinweise:

Bereits dieser „Startbegriff" der Integrationstheorie bereitet erfahrungsgemäß oft Schwierigkeiten. Falls Sie unsicher sind, hilft es, sich die Abfolge in der Begriffsbildung

$$\text{Riemann-Summe} \to \text{Riemann-Folge} \to \text{Integral}$$

zu verdeutlichen: Wie nimmt der jeweils nächste Begriff auf den vorigen Bezug?

L 86

Erläuterungen zu den falschen Antworten:

(1) Wenn Sie diese Antwortmöglichkeit gewählt haben, dann hatten Sie möglicherweise einen häufig verwendeten Spezialfall vor Augen, nämlich diejenige Riemann-Folge, bei der Z_k die *äquidistante* Zerlegung in k Teilintervalle ist: Hierbei zerlegt Z_k das Intervall $[a, b]$ durch die Teilungspunkte $x_i := a + i\frac{b-a}{k}$ für $i = 0, \ldots, k$. Im Allgemeinen können die Anzahl der Teilintervalle und die Feinheiten der Zerlegungen bei einer Riemann-Folge aber ganz anders variieren.

Sehen Sie es so: Wenn man nichts weiter weiß, als dass eine Riemann-Folge vorliegt, dann lässt sich über die Anzahl der Teilintervalle bei einer *einzelnen* Zerlegung überhaupt nichts sagen, denn eine einzelne Zerlegung – oder endlich viele – könnte man beliebig ändern, ohne die Konvergenz zu beeinflussen.

(2) Es ist wie bei der vorigen Antwort: Diese Eigenschaft liegt beispielsweise bei einer *äquidistanten* Zerlegung vor, aber nicht im Allgemeinen.

Richtige Antwort:

(3) Bei einer Riemann-Folge bildet die Folge der Feinheiten $(|Z_k|)_k$ eine Nullfolge. Daher muss die Anzahl der Teilintervalle gegen unendlich gehen.

Weitergehende Hinweise:
Für eine Folge von Zerlegungen sind die folgenden Aussagen nicht äquivalent:

 (i) Die Feinheiten gehen gegen Null.

(ii) Die Anzahl der Teilintervalle geht gegen unendlich.

Es gilt nur die Implikation (i) $\implies$ (ii).

L 87

Erläuterungen zu den falschen Antworten:

(1) Die Dirichlet-Funktion ist unstetig (sogar in jedem Punkt), aber

dies ist nicht der Grund dafür, dass sie nicht integrierbar ist. Es gibt viele unstetige Funktionen, die integrierbar sind, zum Beispiel Treppenfunktionen.

(2) Die als Grund angegebene Aussage ist falsch, denn die Funktion nimmt *nur rationale* Werte an, nämlich 0 und 1.

Richtige Antwort:

(3) Dies ist in der Tat der Grund für die Nicht-Integrierbarkeit, denn diese Eigenschaft ist es, die dazu führt, dass jede Untersumme der Funktion gleich Null ist und jede Obersumme gleich 1. Daher ist sie nicht integrierbar.

L 88

Erläuterungen zu den falschen Antworten:

(1) Die Formulierung würde besagen, dass *alle* Untersummen und alle Obersummen gleich sind. Bei den allermeisten Funktionen hängen aber sowohl die Untersummen als auch die Obersummen von der gewählten Zerlegung ab.

(2) Bei einer Funktion wie $\mathbb{R}^+ \to \mathbb{R}^+$, $x \mapsto x^2$, ist jede Obersumme echt größer als jede Untersumme. (Hier sind die Untersummen die Linkssummen und die Obersummen die Rechtssummen, weil die Funktion streng monoton steigend ist.)

Richtige Antwort:

(3) Dies ist in der Tat eine korrekte Formulierung des Integrabilitätskriteriums. Es ist eine Kurzform von folgender Aussage: Zu jeder noch so kleinen Schranke $\varepsilon > 0$ gibt es eine Zerlegung, bezüglich der die Differenz aus Ober- und Untersumme kleiner als ε ist.

L 89

Erläuterungen zu den falschen Antworten:

(1) Weder stetig noch monoton zu sein, ist kein Grund für Nicht-

Integrierbarkeit: Es gibt viele integrierbare Funktionen, die weder stetig noch monoton sind; ein Beispiel hierfür sind Treppenfunktionen, die einen auf- und absteigenden Verlauf haben wie im nachfolgenden Bild.

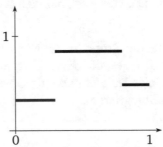

(2) Wenn es solche Zerlegungen gäbe, dann würde daraus in Wirklichkeit die *Integrierbarkeit* folgen (mit dem Riemannschen Integrabilitätskriterium). Solche Zerlegungen gibt es hier aber nicht – weil Untersummen nicht negativ sein können, wenn keine negativen Funktionswerte vorkommen.

(3) Wenn Sie diese Antwort gewählt haben, dann könnte es sein, dass Sie *Obersumme* mit *Supremum* verwechselt haben. Es ist nämlich das Supremum der Funktion gleich 1, aber es stimmt nicht, dass alle Obersummen gleich 1 sind. Eine Obersumme vom Wert 1 erhält man nur, wenn man die Zerlegung wählt, die nur aus einem einzigen Teilintervall besteht. Alle anderen Obersummen sind kleiner als 1 (und es gibt Obersummen beliebig nahe an 0).

Richtige Antwort:

(4) Hiermit lässt sich die Integrierbarkeit in der Tat korrekt begründen, nämlich so:

Schritt 1. Es gibt eine solche Folge von Zerlegungen: Um Z_k zu erhalten, legt man um die Sprungstelle $\frac{1}{2}$ herum zwei Teilungspunkte im Abstand $\frac{1}{k}$ (das nachfolgende Bild zeigt eine solche Zerlegung).

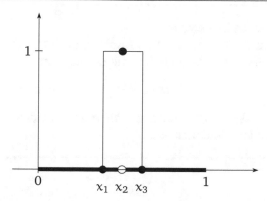

Schritt 2. Da es also eine Folge von Zerlegungen gibt, bei der die Differenz aus Ober- und Untersummen gegen 0 geht, folgt die Integrierbarkeit mit dem Riemannschen Integrabilitätskriterium.

L 90

Erläuterungen zu den falschen Antworten:

(1) Die zweite Implikation ist falsch, ein Gegenbeispiel ist die Dirichlet-Funktion: Sie ist beschränkt, aber nicht integrierbar.

(3) Die erste Implikation ist falsch, Treppenfunktionen sind hierfür Gegenbeispiele: Sie sind integrierbar, aber nicht stetig (außer den Treppenfunktionen, die nur eine einzige Stufe haben, d.h. konstant sind).

(4) Die zweite Implikation ist falsch, beschränkte Funktionen müssen nicht stetig sein – Treppenfunktionen oder auch die Dirichlet-Funktion bilden hier Gegenbeispiele.

Richtige Antwort:

(2) Dass stetige Funktionen integrierbar sind, ist ein wichtiges Integrierbarkeitskriterium. Die Beschränktheit ist eine Grundeigenschaft von Riemann-integrierbaren Funktionen.

Weitergehende Hinweise:
Der Satz über Maximum und Minimum von stetigen Funktionen auf kompakten Intervallen liefert die Implikation

$$f \text{ stetig} \implies f \text{ beschränkt.}$$

Auch in den obigen falschen Antworten kommen daher einzelne richtige Implikationen vor.

L 91

Richtige Antwort:
(1) Stetige Funktionen sind integrierbar, monotone Funktionen sind ebenfalls integrierbar. Es gibt Funktionen, die sowohl stetig als auch monoton sind (zum Beispiel die Identität $x \mapsto x$), aber auch Funktionen, die nur eines von beiden sind (die Sinusfunktion und Treppenfunktionen bilden jeweils Beispiele).

L 92

Erläuterungen zu den falschen Antworten:
(1) Auch wenn man sehr viele Teilpunkte wählt, bleibt eine Riemann-Summe immer eine endliche Summe von Rechtecksflächen. Diese wird im Allgemeinen nicht mit dem Integralwert übereinstimmen, sondern nur eine Approximation darstellen.
(3) Dies ist ein nicht seltenes Missverständnis. In Wahrheit kann man den Integralwert im Allgemeinen nicht dadurch erhalten, dass man abzählbar viele Rechtecke „ganz fein nebeneinander legt" – man muss sich dazu nur klarmachen, dass bei den allermeisten Funktionen schon im ersten Teilintervall eine Abweichung vom tatsächlichen Integralwert entsteht.

Richtige Antwort:
(2) Dies ist im Riemannschen Zugang sogar genau die Definition des Integrals – es ist der Grenzwert einer Riemann-Folge (d.h.

einer Folge von Riemann-Summen, bei der die Feinheiten gegen 0 gehen.) Integrierbarkeit liegt vor, wenn alle Riemann-Folgen konvergieren (und dann denselben Grenzwert haben).

L 93

Erläuterungen zu den falschen Antworten:
(1) Aus der Definition von F ergibt sich, dass der Inhalt des markierten Flächenstücks gleich $F(x + h) - F(x)$ ist. In der Aufgabe wird aber $\frac{F(x+h)-F(x)}{h}$ betrachtet.

Richtige Antwort:
(2) Der Inhalt des markierten Flächenstücks ist $F(x + h) - F(x)$. Während $hf(x)$ eine obere Schranke für diesen Flächeninhalt ist, ist $hf(x + h)$ eine unter Schranke dafür. Der tatsächliche Flächeninhalt ist gleich $hf(c)$ für ein c zwischen x und $x + h$ (Mittelwertsatz der Integralrechnung). Also ist der angegebene Quotient gleich $f(c)$.

L 94

Vorbemerkung:
Überlegen Sie allgemein: Wenn zwei Funktionen f und g gegeben sind, welche Schlüsse zwischen der Integrierbarkeit von f, g und f · g sind dann möglich?

Erläuterungen zu den falschen Antworten:
(1) Ein solcher Schluss von der Integrierbarkeit eines Produkts f · g auf die Integrierbarkeit seiner Faktoren ist im Allgemeinen nicht möglich. Und auch in diesem konkreten Fall stimmt es zwar, dass das Produkt integrierbar ist, die Faktoren sind es aber beide nicht.
(2) Ein Produkt kann durchaus integrierbar sein, ohne dass dessen Faktoren integrierbar sind – hier liegt genau ein solcher Fall vor.

Richtige Antwort:
(4) Eine Aussage ist die Kontraposition der anderen. Daher sind entweder beide korrekt oder beide inkorrekt – hier sind beide inkorrekt.

Weitergehende Hinweise:
Wenn zwei Funktionen f und g Riemann-integrierbar sind, dann ist auch ihr Produkt f · g Riemann-integrierbar. Diese Aufgabe zeigt, dass aber die Umkehrung dieser Aussage falsch ist.

Man kann dies noch mehr zuspitzen: Wenn man von der Integrierbarkeit eines Produkts auf die Integrierbarkeit seiner Faktoren schließen könnte, dann wäre *jede* Funktion integrierbar, denn die Nullfunktion ist integrierbar und für jede Funktion h gilt $0 = h \cdot 0$.

L 95

Vorbemerkung:
Überlegen Sie: Wie können diese Summen in Bezug auf Integrale interpretiert werden? Was drücken sie aus, und welcher Bezug besteht zur Integrierbarkeit?

Erläuterungen zu den falschen Antworten:
(2) Die Grenzwerte sind nicht nur dann gleich, wenn f stetig ist.
(3) Doch, für stetiges f sind die Grenzwerte gleich.
(4) Es gilt zwar, wenn f monoton ist, aber nicht nur dann.

Richtige Antwort:
(1) Bei den Summen handelt es sich um die Links- bzw. Rechtssumme von f zur äquidistanten Zerlegung des Intervalls $[0, 1]$ in n Teilintervalle. Beide liefern Riemann-Folgen zu f und daher konvergieren beide gegen den Integralwert $\int_0^1 f$. Dies gilt so für *jede* Riemann-integrierbare Funktion und benötigt keine zusätzlichen Voraussetzungen wie Stetigkeit oder Monotonie.

L 96

Erläuterungen zu den falschen Antworten:
(2) Dass dies nicht stimmt, kann man daran erkennen, dass man eine integrierbare Funktion an endlich vielen Stellen ändern darf, ohne Integrierbarkeit und Integralwert zu verändern. Man kann zum Beispiel die Nullfunktion an einer einzigen Stelle zu einem Wert ungleich Null abändern und hat immer noch den Integralwert 0.
(3) Das wäre für *stetige* Funktionen f richtig, aber die Stetigkeit ist hier nicht vorausgesetzt.

Richtige Antwort:
(1) Die Nullfunktion hat natürlich den Integralwert 0, und dies ist hier die einzige richtige Aussage.

L 97

Vorbemerkung:
Überlegen Sie zunächst: Wenn Sie eine Stammfunktion zu einer Funktion f kennen, wie lässt sich dann die Menge *aller* Stammfunktionen zu f angeben?

Richtige Antwort:
(2) Es ist sin eine Stammfunktion von cos, denn es gilt $\sin' = \cos$. Die Menge aller Stammfunktionen ist dann $\{\sin +C \mid C \in \mathbb{R}\}$, sie besteht also aus allen Funktionen, die durch Verschieben der Sinusfunktion längs der y-Achse entstehen. Genau eine dieser Funktionen geht durch den Punkt $(0, 0)$, nämlich sin.

L 98

Erläuterungen zu den falschen Antworten:
(1) Die Aussage über den Flächeninhalt ist zwar richtig, aber dies wurde hier nicht verwendet.

(2) Die Aussage stimmt so nicht, denn die Ableitung von $x \mapsto x^3$ ist $x \mapsto 3x^2$.

Richtige Antwort:
(3) Dies ist der Gehalt des Hauptsatzes der Differential- und Integralrechnung. Hier geht er in folgender Weise ein: Die Integralfunktion $x \mapsto F(x) := \int_0^x t^2 \, dt$ ist nach dem Hauptsatz eine Stammfunktion zu $x \mapsto x^2$. Da auch $G : x \mapsto \frac{1}{3}x^3$ eine Stammfunktion zu dieser Funktion ist, müssen F und G bis auf eine additive Konstante übereinstimmen. Daher gilt $F(1) - F(0) = G(1) - G(0)$, und diese Gleichung entspricht genau der ersten Gleichung der Rechnung.

L 99

Vorbemerkung:
Wenn Sie hier unsicher sind, dann könnte es sein, dass Ihnen der Zusammenhang zwischen Integration und Differentiation noch nicht völlig klar ist. Überlegen Sie, welche Aussage über den Zusammenhang zwischen beiden Operationen durch den Hauptsatz der Differential- und Integralrechnung gemacht wird.

Erläuterungen zu den falschen Antworten:
(1) Eine Aussage über die Ableitungen von f und g kann man durch Integrieren nicht erhalten. Die beiden Funktionen f und g müssen nicht einmal differenzierbar sein.
(2) Wie oben bemerkt, müssen die Ableitungen gar nicht existieren.
(4) Diese Aussage ist zwar wahr, sie ist hier aber nicht die stärkste wahre Aussage.

Richtige Antwort:
(3) Dies folgt aus dem Hauptsatz der Differential- und Integralrechnung, nämlich so: Da die angegebenen Integralfunktionen übereinstimmen, stimmen auch ihre Ableitungen überein; die Ableitungen sind nach dem Hauptsatz genau die Funktionen f und g.

L 100

Erläuterungen zu den falschen Antworten:

(1) Die angegebene Rechnung ist zwar richtig – das Integral über das Intervall $[0, \pi]$ hat tatsächlich den Wert 2 – aber dies lässt keinen Schluss auf das uneigentliche Integral zu. Zur Periodizität: Die Sinusfunktion ist nicht π-periodisch, sondern 2π-periodisch. Dass man hier aber auch mit der richtigen Periode 2π nicht argumentieren kann, zeigt die folgende Antwort.

(2) Der Wert des Integrals über das Intervall $[0, n \cdot 2\pi]$ ist in der Tat gleich Null. *Wenn* das uneigentliche Integral existieren würde, dann könnte man es wie angegeben als Grenzwert für $n \to \infty$ erhalten. Es existiert aber nicht, wie in (3) gezeigt wird.

(4) Der Integrand, die Sinusfunktion, ist durchaus beschränkt, denn es gilt ja $|\sin x| \leqslant 1$ für alle x.

Richtige Antwort:

(3) Der Grenzwert existiert in der Tat nicht. Würde er nämlich existieren, dann könnte man ihn mit jeder Folge (b_n), die gegen ∞ geht, berechnen, also auch mit $(b_n) = (n\pi)$. Die Folge der Integrale $\int_0^{b_n} \sin(x) \, dx$ ist aber $(2, 0, 2, 0, \ldots)$ und konvergiert daher nicht.

Weitergehende Hinweise:

Es ist ein bekannter Irrtum, dass man uneigentliche Integrale dadurch untersuchen könne, dass man die obere Grenze „irgendwie" gegen unendlich gehen lässt. Wie diese Aufgabe zeigt, ist das aber nicht richtig. Der Irrtum hat im Grunde gar nichts mit Integrationstheorie zu tun, sondern eher mit Grenzwerttheorie: Um $\lim_{x \to \infty} f(x)$ zu untersuchen, muss man *alle* Folgen betrachten, die gegen unendlich gehen.

L 101

Erläuterungen zu den falschen Antworten:

(1) Die Aussagen (A), (B) und (C) sind in der Tat alle wahr. Der

scheinbare Widerspruch hat seinen Ursprung darin, Aussage (B) als Riemann-Integrierbarkeit der Logarithmusfunktion über [0, 1] zu interpretieren.

(2) Doch, die Formel gilt so.

(3) Nein, die Logarithmusfunktion ist auf dem Intervall]0, 1] unbeschränkt (und im Nullpunkt gar nicht definiert).

Richtige Antwort:

(4) Ja, in (B) steht kein (eigentliches) Riemann-Integral. denn die Logarithmusfunktion ist über [0, 1] gar nicht Riemannintegrierbar (auch wenn man in 0 irgendeinen Funktionswert definieren würde). Man kann daher nicht (C) aus (B) folgern. In Wahrheit steht hier ein uneigentliches Riemann-Integral, d.h. ein Grenzwert von Riemann-Integralen.

Weitergehende Hinweise:

Uneigentliche Riemann-Integrale dieser Art sind in der Notation nicht auf den ersten Blick zu erkennen. Man muss dies daraus entnehmen, dass der Integrand an einer Intervallgrenze nicht definiert ist, und das Integral $\int_0^1 \ln x \, dx$ daher als Grenzwert

$$\lim_{a \searrow 0} \int_a^1 \ln x \, dx$$

interpretieren. Übersichtlicher ist die Lage bei uneigentlichen Integralen der Art

$$\int_a^\infty f(x) \, dx \,.$$

Hier ist schon an der Schreibweise ersichtlich, dass ein Grenzwert gemeint ist, bei dem die obere Integralgrenze gegen unendlich läuft.

Ein noch weitergehender Hinweis bei dieser Aufgabe bezieht sich auf das *Lebesgue-Integral* (siehe etwa [8]). Bei dessen Definition werden unbeschränkte Integrationsbereiche von vornherein mit einbezogen. In einführenden Veranstaltungen zur Analysis behandelt man aber meist das *Riemann-Integral* (so in [5] und [7]). Daher ist in diesem Buch immer das Riemann-Integral gemeint, wenn über Integration gesprochen wird.

L 102

Erläuterungen zu den falschen Antworten:
(1) Es ist (M1) nicht erfüllt, siehe (3).
(2) Tatsächlich sind (M2) und (M3) erfüllt, aber es liegt keine Metrik vor, weil (M1) nicht erfüllt ist.
(4) Es ist (M3) durchaus erfüllt – hierin liegt das Hindernis für die Metrikeigenschaft also nicht.

Richtige Antwort:
(3) Tatsächlich ist (M1) verletzt, denn es gilt $d(\text{Tisch}, \text{Tür}) = 0$. Es gibt also zwei *verschiedene* Elemente aus X, die Abstand 0 haben. Das darf bei einer Metrik nicht vorkommen.

L 103

Erläuterungen zu den falschen Antworten:
(1) Doch, es ist (M1) erfüllt, denn der Abstand $d(x, y)$ ist genau dann gleich Null, wenn die Wörter x und y dieselbe Länge haben. Bei den drei gegebenen Wörtern geht das nur, wenn $x = y$ ist.
(2) Doch, (M3) ist hier erfüllt.
(3) Wenn man „Tür" durch „Stuhl" ersetzt, dann liegt keine Metrik vor.

Richtige Antwort:
(4) Es ist eine Metrik, denn (M1) und (M2) sind klarerweise erfüllt, und bei (M3) kann man einfach alle Möglichkeiten durchprobieren. Wenn man „Tür" durch „Stuhl" ersetzt, dann liegt keine Metrik mehr vor, denn es gilt $d(\text{Stuhl}, \text{Tisch}) = |5 - 5| = 0$. Man

hätte also zwei Elemente in X, die Abstand 0 haben, aber verschieden sind. Das ist bei einer Metrik nicht möglich, denn es widerspricht (M1).

L 104

Erläuterungen zu den falschen Antworten:
(1) Es ist (M2) erfüllt, denn es gilt $d(x,y) = |x+y| = |y+x| = d(y,x)$.
(3) Das stimmt nicht, da (M2) erfüllt ist.
(4) Das stimmt nicht, da (M1) nicht erfüllt ist.

Richtige Antwort:
(2) Es ist (M2) erfüllt, aber (M1) und (M3) sind verletzt. Bei (M1) erkennt man dies zum Beispiel daran, dass $d(1,-1) = 0$ gilt. (M3) ist nicht erfüllt, denn für die drei Elemente $1, 2, -1$ würde (M3) die falsche Aussage $3 = d(1,2) \leqslant d(1,-1) + d(-1,2) = 0 + 1$ ergeben.

L 105

Richtige Antwort:
(4) Es gilt die Ungleichung $d_2(x,y) \leqslant d_1(x,y)$. (Überlegen Sie sich dies anhand einer Zeichnung und/oder argumentieren Sie algebraisch mit den Definitionen.) Es kommt in der Ungleichung aber auch „=" vor, zum Beispiel für $x = (0,0)$ und $y = (1,0)$ gilt $d_2(x,y) = d_1(x,y) = 1$.

L 106

Vorbemerkung:
Eine Menge ist offen, wenn es um jeden Punkt eine ε-Umgebung (ε-Kugel) gibt, die in der Menge enthalten ist. Testen Sie diese Bedingung an allen vier gegebenen Mengen.

Erläuterungen zu den falschen Antworten:

(1) Die offenen Kreisscheiben sind in $(\mathbb{R}^2, d_2)$ die ε-Umgebungen. Die gegebene Menge ist offen, denn sie ist sogar selbst eine Kreisscheibe.

(2) Die Menge enthält um jeden Punkt herum eine Kreisscheibe. (Je näher der Punkt am Rand der Menge liegt, desto kleiner muss man den Radius der Scheibe wählen.) Alternative Begründung von höherer Warte: Das kartesische Produkt von offenen Mengen ist wieder offen.

(4) Dies ist dieselbe Menge wie in (1) und daher ebenfalls offen.

Richtige Antwort:

(3) Zu den Punkten (x, y) mit $x^2 + y^2 = 1$ gibt es keine Kreisscheibe, die ganz in der Menge enthalten ist. Man kann zum Beispiel den Punkt $(1, 0)$ betrachten: Jede Kreisscheibe um diesen Punkt enthält einen Punkt der Form $(1 + \varepsilon, 0)$ mit $\varepsilon > 0$. Dieser Punkt liegt nicht mehr in der Menge.

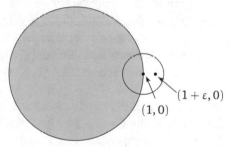

$(1 + \varepsilon, 0)$

$(1, 0)$

L 107

Richtige Antwort:

(3) Es stimmt, dass $\mathbb{R}^n$ in $\mathbb{R}^n$ sowohl offen als auch abgeschlossen ist: Die Offenheit gilt, weil es um jeden Punkt eine Kugel gibt, die ganz im $\mathbb{R}^n$ enthalten ist (sogar mit beliebig großem Radius). Die Abgeschlossenheit gilt, weil das Komplement von $\mathbb{R}^n$ die leere Menge ist (die offen ist, weil die Bedingung für Offen-

heit automatisch erfüllt ist – es sind keine Elemente da, an die man sie stellen könnte).

Weitergehende Hinweise:
Dieser Sonderfall kann Probleme bereiten. Er widerspricht dem Sprachgebrauch bei Intervallen, wo man bei $]-\infty, \infty[$ von einem offenen Intervall spricht, aber selten von einem abgeschlossenen Intervall – obwohl auch dies richtig wäre.

L 108

Vorbemerkung:
Was ist die definierende Eigenschaft einer *Umgebung* eines Punkts in einem metrischen Raum? Denken Sie daran, dass die oft verwendeten ε-Umgebungen nicht die einzigen Umgebungen sind, die es gibt.

Erläuterungen zu den falschen Antworten:
(1) Eine Umgebung ist eine Menge, die eine offene Menge enthält, die wiederum den Punkt enthält. Dies ist hier erfüllt, denn die Menge $[0, 2]$ enthält die offene Menge $]\frac{1}{2}, \frac{3}{2}[$, die ihrerseits den Punkt 1 enthält. (Natürlich enthält $[0, 2]$ viele weitere solche offenen Mengen.)
(2) Auch dies ist eine Umgebung des Punkts 1. Sie ist sogar selbst eine offene Menge, die den Punkt 1 enthält.
(4) Auch dies ist eine Umgebung des Punkts 1. Dass die Menge nicht zusammenhängend ist (sie ist kein Intervall) stellt hierfür kein Hindernis dar. (Überlegen Sie, dass die definierende Eigenschaft einer Umgebung dennoch erfüllt ist.)

Richtige Antwort:
(3) Es gibt keine offene Menge, die den Punkt 1 enthält und in $[1, 2]$ enthalten ist. Wenn es eine solche gäbe, dann müsste es auch eine ε-Umgebung $]1 - \varepsilon, 1 + \varepsilon[$ geben, die in $[1, 2]$ enthalten ist. Das ist aber nicht der Fall.

Weitergehende Hinweise:
Diese Aufgabe betont insbesondere, dass Umgebungen nicht offen sein müssen und nicht zusammenhängend sein müssen. Bei vielen Überlegungen kommt man zwar mit den einfachen ε-Umgebungen $]p - \varepsilon, p + \varepsilon[$ aus, die sowohl offen als auch zusammenhängend sind, aber der allgemeinere Umgebungsbegriff wird immer wichtiger, je abstrakter der Rahmen wird, in dem man arbeitet.

L 109

Vorbemerkung:
Erinnern Sie sich: Das *Innere* einer Menge Y besteht aus denjenigen Punkten, um die es eine offene Kugel (hier: Kreisscheibe) gibt, die in Y enthalten ist.

Richtige Antwort:
(1) In der Tat hat die Menge überhaupt keine Punkte im Inneren. Denn wäre (a, b) ein Punkt in $\mathring{Y}$, dann müsste es eine offene Kreisscheibe um (a, b) geben, die ganz in Y enthalten ist. Es liegen aber in jeder offenen Kreisscheibe sowohl rationale als auch irrationale Punkte. Daher kann es keine solche Kreisscheibe geben.

L 110

Richtige Antwort:
(2) Es gilt $\overline{Y} = [0, 1]^2$, weil man jeden Punkt des Quadrats als Grenzwert einer in Y liegenden Folge erreichen kann. Das Innere $\mathring{Y}$ ist leer, weil Y keine Kreisscheibe enthält. Somit gilt:

$$\partial Y = \overline{Y} \setminus \mathring{Y} = \overline{Y} = [0, 1]^2$$

Weitergehende Hinweise:
Das Beispiel zeigt, dass der Rand ∂Y eine Obermenge von Y sein kann. Das ist ziemlich unintuitiv, aber solche Effekte sind der (akzeptierte) Preis dafür, dass die topologischen Begriffe in so großer

Allgemeinheit (d.h. für metrische Räume oder, noch allgemeiner, für topologische Räume) verwendet werden.

L 111

Erläuterungen zu den falschen Antworten:

(1) Monoton fallend ist hier nur die y-Koordinate, d.h. die zweite Komponente $\frac{1}{n}$ der Folge. Bei der Folge insgesamt kann man gar nicht vom Steigen oder Fallen sprechen – dazu bräuchte man eine Ordnungsrelation, die man in $\mathbb{R}^2$ nicht hat.

(2) Die Folgenglieder liegen tatsächlich beliebig nahe an der x-Achse, wenn n hinreichend groß ist. Sie liegen aber nicht beliebig nahe an einem *bestimmten Punkt* der x-Achse (dies würde Konvergenz bedeuten). Stattdessen kommt die Folge vielen Punkten der Achse nahe (nämlich allen mit Koordinaten zwischen -1 und 1). Alle diese Punkte sind Häufungswerte der Folge, aber es gibt keinen Grenzwert.

(4) Wenn Sie diese Antwort gewählt haben, dann hatten Sie vielleicht die Vorstellung, ein eventueller Grenzwert müsse von der Folge erreicht werden. Das ist aber bereits in der eindimensionalen Analysis nicht der Fall, wie etwa die Folge der Zahlen $\frac{1}{n}$ zeigt: Sie konvergiert gegen Null, aber keines der Folgenglieder ist gleich Null.

Richtige Antwort:

(3) Die Folge (a_n) ist in der Tat divergent. Denn wäre sie konvergent, dann müsste auch ihre erste Komponente $(\cos(\frac{n\pi}{100}))$ konvergent sein. Dass Letzteres aber nicht so ist, kann man zum Beispiel damit begründen, dass die Folge zwei konvergente Teilfolgen mit verschiedenen Grenzwerten hat: Für $n = 200k$ gilt $\cos(\frac{n\pi}{100}) = 1$, und für $n = 200k + 100$ gilt $\cos(\frac{n\pi}{100}) = -1$.

L 112

Richtige Antwort:

(3) Beides sind korrekte Argumente. Das erste nutzt, dass die Konvergenz einer Folge in $\mathbb{R}^n$ äquivalent zur Konvergenz aller Komponentenfolgen ist. Das zweite zeigt die Konvergenz $a_n \to a$ durch den Nachweis, dass die Abstände $d(a_n, a)$ gegen Null konvergieren.

L 113

Vorbemerkung:

Vergegenwärtigen Sie sich für diese Aufgabe die Folgenversion der Stetigkeitsdefinition: Eine Funktion f ist stetig in a, wenn für jede Folge (a_n), die gegen a konvergiert, die Folge der Funktionswerte $(f(a_n))$ gegen $f(a)$ konvergiert. Die Formulierung „jede Folge" ist hier entscheidend: Stetigkeit bedeutet, dass die geforderte Konvergenz für *jede* Folge gilt. Daraus folgt: Unstetigkeit lässt sich schließen, wenn man weiß, dass sie für *wenigstens eine* Folge *nicht* gilt.

Erläuterungen zu den falschen Antworten:

(1) Die Stetigkeit lässt sich aus diesen Informationen nicht schließen, denn Stetigkeit würde bedeuten, dass für jede Folge (a_n) in $\mathbb{R}^2$ mit $a_n \to (0,0)$ gilt $f(a_n) \to f(0,0) = 1$. Hier ist dies aber nur für *eine* bestimmte Folge vorausgesetzt. Wenn es für andere Folgen nicht zutrifft, dann ist f unstetig.

Ein Beispiel für diese Situation: Ist $f(x, y) = \frac{xy}{x^2 + y^3}$ für $(x, y) \neq (0, 0)$, so gilt

$$f(\tfrac{1}{n}, \tfrac{1}{n}) = \frac{\frac{1}{n^2}}{\frac{1}{n^2} + \frac{1}{n^3}} = \frac{1}{1 + \frac{1}{n}} \to 1,$$

aber

$$f(\tfrac{1}{n}, \tfrac{1}{n^2}) = \frac{\frac{1}{n^3}}{\frac{1}{n^2} + \frac{1}{n^6}} = \frac{\frac{1}{n}}{1 + \frac{1}{n^4}} \to 0.$$

In diesem Fall ist f also unstetig in $(0, 0)$.

(2) Auch Unstetigkeit lässt sich aus den gegebenen Informationen nicht schließen. Sie würde folgen, wenn man eine Folge (a_n) vorliegen hätte, für die $f(a_n)$ *nicht* gegen $f(0,0)$ konvergiert. Bei der gegebenen Folge gilt aber $f(a_n) \to f(0,0)$. Dass die Funktion stetig sein könnte, zeigt das folgende Beispiel: Ist $f(x,y) = \frac{1}{1+|x|}$, so ist die angegebene Voraussetzung erfüllt und f ist stetig.

(3) Diese Antwort kann schon aus logischen Gründen nicht stimmen: Da die beiden angebotenen Aussagen einander widersprechen, können sie sich nicht beide schließen lassen.

Richtige Antwort:

(4) In der Tat kann man keines von beiden schließen. Wie oben gezeigt wurde, gibt es sowohl stetige als auch unstetige Funktionen f, die die hier gegebene Voraussetzung erfüllen.

L 114

Vorbemerkung:
Bei einer stetigen Abbildung sind die Urbilder von offenen Mengen offen, und die Urbilder von abgeschlossenen Mengen sind abgeschlossen. Wie können Sie dies hier nutzen?

Richtige Antwort:
(1) Die Menge aller invertierbaren Matrizen ist gleich der Menge $\{A \in M_n(\mathbb{R}) \mid \det A \neq 0\}$. Dies ist genau das Urbild von $\mathbb{R} \setminus \{0\}$ unter der Determinantenabbildung. Die Menge ist also offen, da sie das Urbild der offenen Menge $\mathbb{R} \setminus \{0\}$ unter einer stetigen Abbildung ist.

L 115

Richtige Antwort:
(2) Wenn wir die Normabbildung $x \mapsto \|x\|$ mit f bezeichnen, dann

gilt

$$\{x \in \mathbb{R}^n \mid \|x\| = 1\} = f^{-1}(\{1\}).$$

Die Einheitssphäre ist abgeschlossen, da sie das Urbild einer abgeschlossenen Menge, nämlich $\{1\}$, und einer stetigen Abbildung, nämlich f, ist.

L 116

Vorbemerkung:
Überlegen Sie sich vorab: Welchen Abstand (bzgl. d_0) kann ein Punkt $x \in X$ von a haben, und wie entscheidet sich dann, ob x in $U_\varepsilon(a)$ enthalten ist?

Richtige Antwort:
(4) Da es bei d_0 nur zwei mögliche Abstände gibt, nämlich 0 oder 1, gilt für $x, a \in X$

$$d_0(x, a) < 1 \implies d_0(x, a) = 0 \implies x = a.$$

Daher folgt aus der Definition von $U_\varepsilon(a)$, dass gilt

$$U_\varepsilon(a) = \{a\}, \text{ falls } \varepsilon < 1,$$
$$U_\varepsilon(a) = \mathbb{R}^2, \text{ falls } \varepsilon \geqslant 1.$$

L 117

Vorbemerkung:
Erinnern Sie sich: Definitionsgemäß ist eine Menge offen, wenn jeder Punkt eine Umgebung hat, die in der Menge enthalten ist. Äquivalent ist: Um jeden Punkt gibt es eine ε-Umgebung (ε-Kugel), die in der Menge enthalten ist.

Richtige Antwort:
(1) Sei $U \subset \mathbb{R}^2$ eine beliebige Teilmenge. Für jedes $a \in U$ ist dann $U_{\frac{1}{2}}(a) = \{a\} \subset U$, also ist U offen. Somit sind alle Teilmengen offen. Da die abgeschlossenen Mengen genau die Komplemente der offenen Mengen sind, sind daher auch alle Teilmengen abgeschlossen.

L 118

Erläuterungen zu den falschen Antworten:
(1) Wenn Sie diese Antwort gewählt haben, dann könnte es sein, dass Sie in Erinnerung hatten, dass in $\mathbb{R}^n$ alle Normen äquivalent sind (d.h. zum selben Konvergenzbegriff führen). Aber: Die diskrete Metrik wird nicht durch eine Norm definiert, und tatsächlich ist sie nicht äquivalent zur euklidischen Metrik.
(4) Dass *keine* Folgen konvergent sind, kann nicht sein, denn in jedem metrischen Raum sind jedenfalls die konstanten Folgen konvergent.

Richtige Antwort:
(2) Ist a ein beliebiger Punkt aus X, dann besteht für $\varepsilon = \frac{1}{2}$ die ε-Umgebung $U_\varepsilon(a)$ nur aus dem Punkt a selbst. Falls eine Folge (a_n) gegen a konvergiert, dann müssen fast alle Folgenglieder in $U_\varepsilon(a)$ liegen, sie müssen also gleich a sein. Die Folge ist also *schließlich konstant* (d.h. ab einem bestimmten Index konstant). Umgekehrt gilt (bezüglich jeder Metrik): Alle schließlich konstanten Folgen sind konvergent.

L 119

Erläuterungen zu den falschen Antworten:
(1) Diese Antwort scheint sich auf die Aussage „Jede Teilmenge eines vollständigen metrischen Raums ist selbst ein metrischer Raum" zu stützen – diese Aussage ist aber nicht wahr.

(2) Es ist zwar richtig, dass jede im Intervall $]0, \infty[$ liegende Cauchy-Folge konvergent in $\mathbb{R}$ ist (da sie auch eine Cauchy-Folge in $\mathbb{R}$ ist), aber für die Vollständigkeit eines metrischen Raums X ist es erforderlich, dass jede Cauchy-Folge konvergent „in X" ist, d.h., dass sie konvergent ist *und* ihr Grenzwert in X liegt. Dies aber ist hier nicht der Fall.

(4) Nicht beschränkt zu sein ist kein Hindernis für Vollständigkeit – man sieht dies zum Beispiel am metrischem Raum $\mathbb{R}$.

Richtige Antwort:

(3) Da das Intervall $X =]0, \infty[$ nicht abgeschlossen ist, hat nicht jede in X liegende Cauchy-Folge ihren Grenzwert in X (zum Beispiel die Folge $(\frac{1}{n})_{n \in \mathbb{N}}$ nicht). Daher ist der Raum nicht vollständig.

L 120

Vorbemerkung:

Ein archimedisch angeordneter Körper K ist genau dann vollständig, wenn jede in K liegende Cauchy-Folge konvergent ist (und zwar konvergent *in* K, d.h., ihr Grenzwert liegt in K).

Richtige Antwort:

(1) Man kann so überlegen: Die Folge konvergiert in $\mathbb{R}$ (d.h. gegen eine reelle Zahl), sie ist daher eine Cauchy-Folge in $\mathbb{R}$. Da die Folgenglieder $(1 + \frac{1}{n})^n$ lauter rationale Zahlen sind, ist sie auch eine Cauchy-Folge in $\mathbb{Q}$. Sie ist aber nicht *in* $\mathbb{Q}$ konvergent, da ihr Grenzwert e keine rationale Zahl ist. Wir haben also eine Folge in $\mathbb{Q}$ vorliegen, die eine Cauchy-Folge ist, aber nicht in $\mathbb{Q}$ konvergiert.

L 121

Vorbemerkung:
Vergegenwärtigen Sie sich vorab, was es bedeutet, bezüglich der diskreten Metrik eine Cauchy-Folge zu sein. (Denken Sie daran, dass nur die zwei Werte 0 und 1 als Abstände $d_0(x, y)$ von Punkten $x, y \in \mathbb{R}^2$ vorkommen.)

Erläuterungen zu den falschen Antworten:
(1) Die Folge $(a_n)_{n \in \mathbb{N}}$ mit den Gliedern $(-1)^n$ ist sicherlich keine Cauchy-Folge, da es beliebig große n und m mit $d_0(a_n, a_m) = 1$ gibt.
(2) Jede konstante Folge ist sicherlich eine Cauchy-Folge.

Richtige Antwort:
(3) Eine Folge $(a_n)_{n \in \mathbb{N}}$ ist genau dann eine Cauchy-Folge, wenn die Abstände $d(a_n, a_m)$ beliebig klein werden, falls m und n hinreichend groß sind. Da $d(a_n, a_m) \in \{0, 1\}$ gilt, bedeutet dies, dass die Folge schließlich konstant ist (d.h. konstant ab einem gewissen Index). Dann ist sie aber konvergent.

L 122

Erläuterungen zu den falschen Antworten:
(3) Dies kann schon deshalb nicht stimmen, da Kontraktionskonstanten immer kleiner als 1 sind.

Richtige Antwort:
(1) Der Abstand der Bildpunkte ist sogar immer *genau* die Hälfte des Abstands der Punkte, denn es gilt für $x, y \in X$:

$$\|f(x) - f(y)\| = \|f(x - y)\| = \left\|\tfrac{1}{2}(x - y)\right\| = \tfrac{1}{2}\|x - y\|$$

L 123

Erläuterungen zu den falschen Antworten:
(1) Dieses Argument ist nicht korrekt, denn f ist keine Kontraktion –
   das kann man aus der Gleichung $f'(0) = 1$ folgern, wie weiter
   unten in der Lösung gezeigt wird.
(3) Das stimmt nicht, denn f hat einen Fixpunkt – es gilt ja $f(0) = 0$.
(4) Auch das stimmt nicht, da f einen Fixpunkt hat.

Richtige Antwort:
(2) Die Funktion f hat in der Tat einen Fixpunkt, nämlich 0, aber
   f ist keine Kontraktion. Letzteres kann man aus der Gleichung
   $f'(0) = 1$ folgern: Aus der Beziehung

$$1 = f'(0) = \lim_{x \to 0} \frac{f(x) - f(0)}{x - 0}$$

folgt, dass der Quotient $(f(x) - f(0))/(x - 0)$ beliebig nahe an
1 liegt, falls x der Zahl 0 genügend nahe ist. Eine Kontraktionskonstante $q < 1$ kann es daher für f nicht geben, denn sie
müsste die Ungleichung $|f(x) - f(0)| \leqslant q \cdot |x - 0|$ für alle x
erfüllen.

L 124

Erläuterungen zu den falschen Antworten:
(1) Dies ist eine bekannte und sogar sehr hartnäckige Fehlvorstellung zur Kompaktheit. Sie hat aber nichts mit Kompaktheit
   zu tun – jede Teilmenge von $\mathbb{R}^2$ (oder irgendeines metrischen
   Raums) lässt sich durch endlich viele offene Mengen überdecken, es reicht sogar immer eine einzige offene Menge, nämlich
   der ganze Raum.

Richtige Antwort:
(2) Dies ist in der Tat die definierende Eigenschaft von kompakten
   Mengen. Die entscheidende Forderung ist, dass aus *jeder* offe-

nen Überdeckung endlich viele offene Mengen gewählt werden können, die schon ausreichen, um die Menge zu überdecken.

L 125

Erläuterungen zu den falschen Antworten:
(2) Das ist falsch, denn natürlich lässt sich Q durch endlich viele offene Mengen überdecken: Zum Beispiel ist Q selbst offen und liefert daher eine offene Überdeckung mit nur einer einzigen Menge.

Richtige Antwort:
(1) Das ist richtig: Kompaktheit bedeutet, dass jede offene Überdeckung eine endliche Teilüberdeckung enthält. Also besagt die Verneinung von Kompaktheit, dass es eine offene Überdeckung gibt, die dies nicht erfüllt.

Weitergehende Hinweise:
Eine Komplikation rührt hier daher, dass in der richtigen Antwort die Verneinung von Kompaktheit ausgedrückt wird. Durch das Verneinen ändern sich die Quantoren: Aus „Jede offene Überdeckung enthält ..." wird „Es gibt eine offene Überdeckung, die keine ... enthält."

L 126

Richtige Antwort:
(1) Wir können hier mit dem Satz von Heine-Borel argumentieren, der besagt, dass eine Teilmenge des $\mathbb{R}^n$ genau dann kompakt ist, wenn sie beschränkt und abgeschlossen ist: Da die beiden Quader als kompakt vorausgesetzt sind, sind sie beschränkt und abgeschlossen. Auch deren Vereinigung ist daher beschränkt und abgeschlossen und somit ebenfalls kompakt.

L 127

Erläuterungen zu den falschen Antworten:
(2) Diese Antwort kann nicht stimmen, denn M ist kompakt.
(3) Auch diese Antwort kann wegen der Kompaktheit von M nicht richtig sein.

Richtige Antwort:
(1) Das ist eine klassische Anwendung des Satzes über Maximum und Minimum von stetigen Funktionen auf kompakten Mengen. Sie sehen an der Aufgabe übrigens die Stärke dieses Satzes: Er macht eine Aussage über die Funktion f, obwohl man sie nicht konkret kennt.

L 128

Erläuterungen zu den falschen Antworten:
(1) Die Menge M ist *nicht* kompakt (denn sie ist nicht abgeschlossen).
(4) Diese Antwort kann nicht stimmen, denn M ist *nicht* kompakt.

Richtige Antwort:
(2) Der Nullpunkt ist offensichtlich eine Minimalstelle, denn dort ist der Funktionswert 1, und kleiner kann $x^4 + y^6 + 1$ nicht werden, egal welche reellen Werte x, y man einsetzt. Die Menge M ist nicht kompakt, denn sie ist nicht abgeschlossen.

Weitergehende Hinweise:
Dass stetige Funktionen auf kompakten Mengen ein Maximum und ein Minimum haben (Satz über Maximum und Minimum), ist sehr nützlich und häufig anwendbar. Beispiele wie in dieser Aufgabe zeigen, dass man sich aber nicht dazu verleiten lassen darf zu glauben, dass die Kompaktheit für das Vorliegen eines Minimums *notwendig* sei.

L 129

Richtige Antwort:

(1) Nur das linke Bild trägt den Gedanken der *einbeschriebenen Streckenzüge* in sich – es werden Kurvenpunkte durch Strecken verbunden. Im rechten Bild ist dagegen ein *umbeschriebener* Streckenzug gezeigt (er ist aus Tangentenstücken gebildet).

Weitergehende Hinweise:

Geht man wie im rechten Bild vor und approximiert den Kreis durch immer feiner gebildete umbeschriebene Streckenzüge, so konvergieren die so erhaltenen Längen ebenfalls gegen den Kreisumfang. Bei der Definition der Bogenlänge werden allerdings solche umbeschriebenen Streckenzüge nicht verwendet. Da sie aus Tangentenstücken gebildet sind, könnte man sie nur bei differenzierbaren Kurven verwenden – mit dem Rektifizierbarkeitsbegriff möchte man aber viel allgemeinere Situationen beschreiben.

L 130

Richtige Antwort:

(3) Hier wird der Unterschied zwischen „Kurve als Punktmenge" und „Kurve als Parametrisierung" deutlich: Die Formel für die Bogenlänge betrachtet Kurven als *Parametrisierungen*; die so berechnete Bogenlänge misst den Weg, der mittels der Parametrisierung durchlaufen wird. Das Ergebnis 4π ist daher nicht nur korrekt, sondern auch völlig plausibel, da die gegebene Parametrisierung die Kreislinie zweimal durchläuft.

L 131

Erläuterungen zu den falschen Antworten:

(2) Es stimmt, dass die Geschwindigkeit mit wachsendem t immer mehr zunimmt: Die Norm des Geschwindigkeitsvektors beträgt 2t, die Bogenlänge nimmt aber nicht zu (die Rechnung in

der Lösung unten zeigt dies). Es wäre überraschend, wenn die Länge der Kurve davon abhängen würde, wie schnell man sie durchläuft.

(3) Die Geschwindigkeit nimmt in Wirklichkeit zu.

(4) Die Geschwindigkeit nimmt in Wirklichkeit zu.

Richtige Antwort:

(1) Auch g überstreicht jeden Punkt der Einheitskreislinie genau einmal, aber es nimmt die Geschwindigkeit des Durchlaufens mit t zu: Der Geschwindigkeitsvektor zur Zeit t ist $(-2t\sin(t^2), 2t\cos(t^2))$. Seine Norm ist 2t. (Daher wird weniger Zeit für das Durchlaufen der Kurve benötigt, $\sqrt{2\pi}$ statt 2π.) Man erwartet intuitiv, dass die Änderung an der Geschwindigkeit nicht die Bogenlänge beeinflussen sollte – und eine Rechnung mit der Bogenlängenformel bestätigt, dass das Integral $\int_0^{\sqrt{2\pi}} \|g'(t)\|\, dt$ ebenfalls den Wert 2π hat, genau wie $\int_0^{2\pi} \|f'(t)\|\, dt$, denn

$$\int_0^{2\pi} \|f'(t)\|\, dt = \int_0^{2\pi} 1\, dt = 2\pi,$$

$$\int_0^{\sqrt{2\pi}} \|g'(t)\|\, dt = \int_0^{\sqrt{2\pi}} 2t\, dt = [t^2]_0^{\sqrt{2\pi}} = 2\pi.$$

L 132

Richtige Antwort:

(3) Die Jacobi-Matrix der Identität ist die Einheitsmatrix, sie enthält daher (für $n \geq 2$) sowohl Einsen als auch Nullen.

L 133

Erläuterungen zu den falschen Antworten:
(1) Der angegebene Vektor ist kein Gradient – vom Gradienten
spricht man nur bei Abbildungen nach $\mathbb{R}$. Er ist dann die Transponierte der Jacobi-Matrix (die nur aus einer Zeile besteht).

Richtige Antwort:
(2) In der Matrix stehen in der Tat die partiellen Ableitungen der
beiden Komponentenfunktionen nach den zwei Variablen.

L 134

Vorbemerkung:
Testen Sie die Symmetrie an einfachen Funktionen wie $(x, y) \mapsto$
(x, y), $(x, y) \mapsto (y, x)$, $(x, y) \mapsto (2x, y)$, ...

Richtige Antwort:
(3) Bei $f = \mathrm{id}$ ist die Jacobi-Matrix die Einheitsmatrix, also sicherlich symmetrisch. Bereits Beispiele wie $(x, y) \mapsto (2y, x)$ zeigen,
dass Symmetrie auch bei $m = n$ nicht gegeben sein muss. Und
Beispiele wie $(x, y) \mapsto (y, x)$ zeigen, dass sie auch für $f \neq \mathrm{id}$
gegeben sein kann. Es liegt also eine „Kann-aber-muss-nicht"-
Situation vor.

Weitergehende Hinweise:
Eine Symmetrieaussage gilt dagegen für die Hesse-Matrix einer $\mathcal{C}^2$-
Funktion aufgrund des Satzes von Schwarz.

L 135

Vorbemerkung:
Überlegen Sie sich dies zunächst im Eindimensionalen. Sie können
bei konkreten Beispielen wie $x \mapsto x$ oder $x \mapsto x^2$ beginnen.

Erläuterungen zu den falschen Antworten:

(1) Dass r für x → a gegen Null geht, ist zwar eine Folgerung aus der angegebenen Bedingung, aber eine recht schwache – sie ist nicht äquivalent und drückt daher nicht die Bedeutung aus.

Man erkennt dies, wenn man f durch *irgendeine* Gerade „approximiert", die durch den Punkt $(a, f(a))$ geht – die Bedingung $r(x) → 0$ ist dann bereits erfüllt (siehe nachfolgendes Bild).

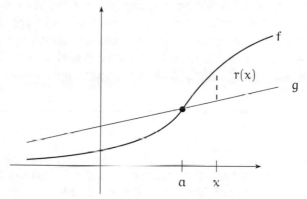

(3) Der Fehler geht zwar schneller als linear gegen Null, muss aber nicht quadratisch gegen Null gehen. Bereits die Funktion $\mathbb{R} →$ $\mathbb{R}$, $x \mapsto x^2$, ist an der Stelle $a = 0$ ein Beispiel hierfür: Der Approximationsfehler ist $r(x) = x^2$, und es geht $r(x)/x^2$ nicht gegen Null.

(4) Es ist (2) richtig.

Richtige Antwort:

(2) Die Funktion r gibt den Approximationsfehler an, d.h. den Unterschied zwischen f und der lokalen Linearisierung. Die Bedingung drückt aus, dass r für x → a schneller gegen Null geht als x − a (und daher auch schneller als jede lineare Funktion, die für x → a gegen Null geht).

L 136

Richtige Antwort:
(1) Die Bedingung an den vertikalen Abstand entspricht genau der
    Definition der totalen Differenzierbarkeit, denn die Funktion a
    ist genau die Restfunktion, die dabei betrachtet wird (d.h. die
    Differenz aus Funktion und linearer Approximation).
    Die horizontale Bedingung ist dagegen für die Differenzierbar-
    keit der (eventuell vorhandenen, eventuell lokalen) Umkehr-
    funktion zuständig. Dass die Differenzierbarkeit von f und f^{-1}
    nicht äquivalent ist, sieht man zum Beispiel an der Quadrat-
    funktion $x \mapsto x^2$: Dort gilt die Konvergenz nur für eine der bei-
    den Richtungen.

L 137

Vorbemerkung:
Vergegenwärtigen Sie sich zunächst, dass die Bedingung (B) eine
Formulierung der partiellen Differenzierbarkeit ist.

Erläuterungen zu den falschen Antworten:
(1) Bedingung (B) drückt die partielle Differenzierbarkeit von f
    nach jeder der beiden Variablen aus. Aus dieser folgt nicht die
    totale Differenzierbarkeit. Daher sind die zwei Bedingungen
    nicht äquivalent.
(3) Wie oben gesagt, impliziert die partielle Differenzierbarkeit (B)
    nicht die totale Differenzierbarkeit (A).
(4) Aus der totalen Differenzierbarkeit (A) folgt die partielle Dif-
    ferenzierbarkeit (B). Es gilt also durchaus eine der beiden
    Implikationen.

Richtige Antwort:
(2) Bedingung (B) ist eine Formulierung der partiellen Differenzier-
    barkeit. Diese folgt aus der (totalen) Differenzierbarkeit, impli-
    ziert sie aber nicht.

L 138

Erläuterungen zu den falschen Antworten:

(1) Es stimmt zwar, dass sich eine Reihe von Aussagen, die in $\mathbb{R}^2$ gelten, auf $\mathbb{R}^n$ für beliebiges $n > 2$ verallgemeinern lassen. Aber es dies ist bei Weitem nicht für alle Aussagen so.

(2) Es stimmt zwar, dass der Beweis im allgemeinen Fall zu einigem Aufwand führt, aber dies ist kein stichhaltiger Grund, um ihn nicht zu führen: Wenn man kein Argument hätte, das die Gültigkeit auch für $n > 2$ sichert, dann wäre der Satz so nur für den Fall $n = 2$ bewiesen.

(4) Es gibt keinen naheliegenden Grund dafür, dass die Aussage für $n > 2$ richtig ist.

Richtige Antwort:

(3) Bei der Definition und Berechnung von $D_i f$ werden alle Variablen außer x_i als konstant betrachtet. Da die Satzaussage nur die Ableitungen nach x_i und x_j betrifft, macht es für die partiellen Ableitungen $D_i D_j$ und $D_j D_i$ keinen Unterschied, ob noch weitere Variablen vorhanden sind.

L 139

Vorbemerkung:

Die Voraussetzung $n \geqslant 2$ steht hier, damit nur eine der Antworten richtig ist, denn für $n = 1$ ist ja ein $(n \times 1)$-Spaltenvektor dasselbe wie ein $(1 \times n)$-Zeilenvektor oder wie eine $(n \times n)$-Matrix – nämlich eine reelle Zahl.

Richtige Antwort:

(1) Es ist $g \circ f$ eine Funktion $\mathbb{R} \to \mathbb{R}$, daher ist die Jacobi-Matrix eine Zahl.

Weitergehende Hinweise:

Die (1×1)-Jacobi-Matrix von $g \circ f$ ergibt sich mit der Kettenregel als Produkt aus der $(1 \times n)$-Jacobi-Matrix von g mit der $(n \times 1)$-Jacobi-

Matrix von f. Genauer gesagt gilt für $x \in \mathbb{R}$:

$$D(g \circ f)(x) = (Dg)(f(x)) \cdot (Df)(x)$$

L 140

Vorbemerkung:
Es lohnt sich, vorab zu überlegen, welches Format die Jacobi-Matrix von $g \circ f$ hat.

Erläuterungen zu den falschen Antworten:
(1) Dies kann nicht stimmen, denn $g \circ f$ ist eine Funktion $\mathbb{R}^n \to \mathbb{R}^n$, und daher ist die Jacobi-Matrix von $g \circ f$ eine $n \times n$-Matrix.
(2) Die Jacobi-Matrix von $g \circ f$ muss eine $n \times n$-Matrix sein, daher kann auch diese Antwort schon wegen des unpassenden Matrizenformats nicht stimmen.
(3) Wie in der vorigen Antwort stimmt hier das Matrizenformat nicht.

Richtige Antwort:
(4) Es ist $Df(x) = (1, \ldots, 1)$ und $Dg(t) = (1, \ldots, 1)^t$. Nach der Kettenregel ist die Jacobi-Matrix von $g \circ f$ an der Stelle x gleich dem Produkt aus $Dg(f(x))$ und $Df(x)$, also gleich dem Produkt aus dem Spaltenvektor $(1, \ldots, 1)^t$ und dem Zeilenvektor $(1, \ldots, 1)$.

L 141

Erläuterungen zu den falschen Antworten:
(2) Die in (A) angegebene Formel unterscheidet sich auf den ersten Blick von der Definition der Richtungsableitung (der Faktor $\frac{1}{\sqrt{2}}$, der im Richtungsvektor v vorkommt, steht hier vor dem Grenzwertsymbol). Dennoch sind die beiden Formen äquivalent (siehe (3)).

Richtige Antwort:

(3) Nach Definition ist die Richtungsableitung $D_v f(a, b)$ gleich

$$\lim_{t \to 0} \frac{f((a, b) + tv) - f(a, b)}{t}$$

Bei der Grenzwertbildung kann man t durch $\sqrt{2}t$ ersetzen. Der obige Ausdruck wird dann zu

$$\lim_{t \to 0} \frac{f((a, b) + \sqrt{2}tv) - f(a, b)}{\sqrt{2}t}$$

$$= \frac{1}{\sqrt{2}} \cdot \lim_{t \to 0} \frac{f((a, b) + t(1, 1)) - f(a, b)}{t}$$

Dass (B) richtig ist, folgt aus der Gleichung

$$D_v f(a, b) = Df(a, b) \cdot v,$$

mit der man für differenzierbare Funktionen f alle Richtungsableitungen aus den partiellen Ableitungen (d.h. aus Df) berechnen kann.

L 142

Vorbemerkung:

Unter welchen Voraussetzungen kann man die Existenz von Richtungsableitungen behaupten? Wie lassen sie sich ggf. berechnen?

Richtige Antwort:

(3) Da f offenbar stetig partiell differenzierbar ist, ist f auch total differenzierbar. Daher existieren in jedem Punkt $a \in \mathbb{R}^3$ die Richtungsableitungen in jede Richtung v, und man kann sie durch das Skalarprodukt mit dem Gradienten berechnen,

$$D_v f(a) = (\text{grad } f)(a) \bullet v,$$

hier also als

$$D_v f(a) = v_1 + v_2 + v_3.$$

Somit kommen verschiedenste Werte als Richtungsableitungen vor, darunter auch 0 und 1.

Weitergehende Hinweise:
Man kann an diesem Beispiel auch gut die folgende allgemeine Aussage testen: Die Richtungsableitungen in Richtung des Gradienten haben den größen Wert, hier 1. Die in Richtungen orthogonal dazu (d.h. in Richtung der Niveauflächen) sind gleich Null.

L 143

Vorbemerkung:
Hier hilft eine Aussage darüber, welche Lage Niveaumengen in Bezug auf den Gradienten haben.

Richtige Antwort:
(1) Die Niveaumengen sind durch Gleichungen der Form $x+y+z = c$ gegeben, sie sind daher Ebenen in $\mathbb{R}^3$. Sie liegen – wie immer bei differenzierbaren Funktionen – orthogonal zum Gradienten, hier also zum Vektor $(1, 1, 1)^t$.

L 144

Erläuterungen zu den falschen Antworten:
(1) Sie ist bijektiv, aber das reicht nicht aus, um ein Diffeomorphismus zu sein.
(2) Doch, sie ist bijektiv.
(4) Doch, die Umkehrabbildung ist differenzierbar.

Richtige Antwort:
(3) In dieser Antwort sind genau die von einem Diffeomorphismus geforderten Eigenschaften ausgedrückt: Die Abbildung ist differenzierbar und bijektiv, und ihre Umkehrabbildung ist ebenfalls differenzierbar.

Weitergehende Hinweise:
Eventuelle Probleme mit der Nicht-Differenzierbarkeit der Wurzelfunktion im Nullpunkt treten hier nicht auf, weil der Definitionsbereich diesen nicht enthält.

L 145

Erläuterungen zu den falschen Antworten:
(1) Doch, sie ist bijektiv: Zu jedem Punkt $(u, v) \in \mathbb{R}^2$ gibt es genau
    einen Punkt $(x, y) \in \mathbb{R}^2$ mit $u = x^3$ und $v = y^3$.
(3) Es liegt nur an (2).
(4) Es liegt an (2).

Richtige Antwort:
(2) Daran liegt es in der Tat, denn dass die Umkehrabbildung dif-
    ferenzierbar ist, ist Teil der Anforderung an einen Diffeomor-
    phismus, aber es ist hier nicht erfüllt: Im Punkt $(0, 0)$ ist die
    Jacobi-Matrix Df die Nullmatrix. Dann kann die Umkehrabbil-
    dung im Punkt $f(0, 0)$ nicht differenzierbar sein – ihre Jacobi-
    Matrix müsste die Inverse von $Df(0, 0)$ sein.

L 146

Erläuterungen zu den falschen Antworten:
(1) Dies kann schon aufgrund der Definition des Begriffs *Diffeomor-
    phismus* nicht richtig sein – diese zeigt nämlich, dass von den
    Funktionen f und f^{-1} entweder beide Diffeomorphismen sind
    oder keine von beiden.
(2) Dies ist aus demselben Grund nicht richtig wie die vorige
    Antwort.

Richtige Antwort:
(3) Aus der Voraussetzung folgt zunächst mit dem lokalen Um-
    kehrsatz, dass f^{-1} ein lokaler $\mathcal{C}^1$-Diffeomorphismus ist. Dann ist

auch f ein solcher. Da f bijektiv ist, ist auch f^{-1} bijektiv. Beide Abbildungen sind daher (globale) Diffeomorphismen.

L 147

Vorbemerkung:
Überlegen Sie bei jeder der definierenden Eigenschaften eines Diffeomorphismus, ob sie sich auf Kompositionen $g \circ f$ und Umkehrabbildungen f^{-1} übertragen.

Richtige Antwort:
(3) Dass die Komposition (Verkettung) $g \circ f$ differenzierbar ist, folgt aus der Kettenregel. Aus der Definition von Diffeomorphismen kann man ersehen, dass auch die Umkehrabbildungen f^{-1} und g^{-1} Diffeomorphismen sind. Damit ist auch $f^{-1} \circ g^{-1}$ ein Diffeomorphismus.

L 148

Richtige Antwort:
(2) Wenn man die Kettenregel auf die Komposition (Verkettung) $f^{-1} \circ f = \mathrm{id}$ anwendet, dann findet man, dass $Df(x)$ für jedes $x \in \mathbb{R}^n$ eine invertierbare Matrix ist. Insbesondere gilt dann $\det Df(x) \neq 0$ und damit auch $Df(x) \neq 0$. Einzelne Einträge in $Df(x)$ (d.h. manche partiellen Ableitungen von f) können allerdings durchaus gleich Null sein, zum Beispiel sind bei der Identität $\mathbb{R}^n \to \mathbb{R}^n$ alle Nicht-Diagonalelemente von $Df(x)$ gleich Null.

L 149

Erläuterungen zu den falschen Antworten:
(1) Betrachten Sie zum Beispiel die Abbildung

$$(x, y) \mapsto (e^x \cos y, e^x \sin y).$$

Ihre Jacobi-Determinante ist gleich $(e^x)^2$, also überall ungleich Null. Aber f ist sicher nicht bijektiv – die Periodizität von sin und cos verhindert dies.

Richtige Antwort:
(2) Man kann mit dem lokalen Umkehrsatz folgern, dass f ein lokaler $\mathcal{C}^1$-Diffeomorphismus ist, denn in jedem Punkt ist die Jacobi-Matrix invertierbar, da deren Determinante von Null verschieden ist. Also ist f insbesondere lokal umkehrbar (lokal bijektiv). Die (globale) Bijektivität kann man aber nicht folgern, wie das obige Gegenbeispiel zeigt.

L 150

Erläuterungen zu den falschen Antworten:
(1) Eine lokale Auflösung $y = g(x)$ stellt die Ellipse lokal als Funktionsgraphen dar. Das ist nicht möglich um die Punkte $(2, 0)$ und $(-2, 0)$: In keiner (noch so kleinen) Umgebung eines dieser Punkte ist die Ellipse ein Funktionsgraph.
(2) Die beiden Punkte bilden keine Ausnahme.
(4) Wie in (3) erläutert wird, ist eine Auflösung um alle bis auf zwei Punkte möglich.

Richtige Antwort:
(3) Geometrisch erkennt man, dass sich die als Nullstellenmenge $f(x, y) = 0$ beschriebene Ellipse um jeden Punkt außer $(2, 0)$ und $(-2, 0)$ als Funktionsgraph $y = g(x)$ beschreiben lässt. Man kann dies analytisch auf verschiedene Arten begründen:

   (a) Der Satz über implizite Funktionen zeigt es, da die partielle Ableitung $\frac{\partial f}{\partial y}$ überall ungleich Null ist außer in den beiden Punkten.

   (b) Man kann in diesem Beispiel Auflösungen „von Hand" angeben: Durch $y = \sqrt{1 - (x/2)^2}$ wird eine Auflösung um Punkte (a, b) mit $b > 0$ gegeben und durch $y = -\sqrt{1 - (x/2)^2}$ eine um Punkte (a, b) mit $b < 0$. Die beiden Auflösun-

gen entsprechen der oberen bzw. unteren Hälfte der Ellipse,
wenn man sie sich an den beiden Punkten $(2,0)$ und $(-2,0)$
auseinandergeschnitten denkt.

L 151

Vorbemerkung:
Schauen Sie sich Formulierungen des Satzes über implizite Funktionen auf folgenden Aspekt hin an: Nach welchen Variablen werden
die partiellen Ableitungen gebildet? Und nach welchen Variablen
wird aufgelöst?

Erläuterungen zu den falschen Antworten:
(2) Die partielle Auflösbarkeit nach (y,z) kann man *nicht* untersuchen. Dies geht aus verschiedenen Gründen nicht – einer davon
liegt schon in der Voraussetzung des Satzes: Die Matrix $\frac{\partial f}{\partial (y,z)}$
ist eine 1×2-Matrix, kann also gar nicht invertierbar sein.

Richtige Antwort:
(1) In der Formulierung des Satzes über implizite Funktionen wird
von f als einer Funktion $U \to \mathbb{R}^m$ ausgegangen, wobei U eine
offene Menge in $\mathbb{R}^n \times \mathbb{R}^m$ ist. Man schreibt $(x,y) \to f(x,y)$, wobei x für ein Tupel $(x_1, \ldots, x_n)$ steht und y für $(y_1, \ldots, y_m)$. Die
Satzaussage lautet dann: Wenn die Matrix $\frac{\partial f}{\partial y}$ in einem gegebenen Punkt invertierbar ist, dann ist die Gleichung $f(x,y) = 0$
in einer Umgebung dieses Punkts lokal nach y auflösbar. Die
Matrix $\frac{\partial f}{\partial y}$ ist dabei eine quadratische $m \times m$-Matrix. Man sieht
hieran: Die Variablen, nach denen die partiellen Ableitungen
gebildet werden, sind genau diejenigen, nach denen aufgelöst
wird. Dabei ist es aber nicht entscheidend, dass dies die *letz-
ten* m Variablen sind. In der vorliegenden Aufgabe ist $n = 2$
und $m = 1$, es geht also um die lokale Auflösbarkeit nach *einer* Variablen. Dies kann x, y oder z sein. Für die Auflösbarkeit
nach x untersucht man $\frac{\partial f}{\partial x}$, für die nach y untersucht man $\frac{\partial f}{\partial y}$

und schließlich für die nach z wäre $\frac{\partial f}{\partial z}$ zu untersuchen. (Dies ist jeweils eine 1×1-Matrix.)

L 152

Vorbemerkung:
Überlegen Sie, wie Sie in dieser Situation den Satz über implizite Funktionen anwenden können und welche Voraussetzungen hierfür erfüllt sein müssen.

Richtige Antwort:
(1) Setzt man $f(x, y) = x^2 + y^3 + y - 1$, so ist $D_2 f(x, y) = 3y^2 + 1$. Die Voraussetzungen des Satzes über implizite Funktionen sind also in jedem Punkt (a, b) erfüllt, für den $f(a, b) = 0$ gilt.

L 153

Vorbemerkung:
Ist $f : U \to \mathbb{R}$ eine differenzierbare Funktion auf einer offenen Menge $U \subset \mathbb{R}^2$, so wird ihr Graph $\Gamma_f \subset U \times \mathbb{R}$ durch die Gleichung

$$z = f(x, y)$$

gegeben. Die *Tangentialebene* an Γ_f an einer Stelle $(a, b) \in U$ wird durch die Gleichung

$$z = f(a, b) + \operatorname{grad} f(a, b) \cdot \begin{pmatrix} x - a \\ y - b \end{pmatrix}$$

gegeben. Sie stellt die lokale Linearisierung von f in a dar.

Erläuterungen zu den falschen Antworten:
(2) Man kann nicht auf (B) schließen: Ein Gegenbeispiel hierfür ist die Funktion $(x, y) \mapsto x^2$, denn sie schneidet die x-y-Ebene nicht nur im Ursprung, sondern entlang der ganzen Geraden $\{(x, y) \mid y = 0\}$.

(3) Man kann nicht auf (C) schließen: Ein Gegenbeispiel hierfür ist die Funktion $(x, y) \mapsto x^2 - y^2$, denn ihr Gradient im Nullpunkt ist zwar der Nullvektor, aber sie hat kein lokales Extremum im Urprung.

(4) Man kann nicht auf (A) und (B) schließen. Dies hat einen logischen Grund: Da man nicht auf (B) schließen kann, kann man auch nicht auf die stärkere Aussage „(A) und (B)" schließen.

Richtige Antwort:

(1) Man kann nur auf (A) schließen: Dass der Gradient der Nullvektor ist, ist äquivalent dazu, dass die Tangentialebene die x-y-Ebene ist. Wie oben durch Beispiele belegt wurde, bedeutet dies nicht, dass ein lokales Extremum vorliegt oder dass die Tangentialebene den Graphen nur in einem einzigen Punkt schneidet.

L 154

Vorbemerkung:

Überlegen Sie sich vorab, was es bedeutet, wenn eine Funktion in einer Umgebung einer Nullstelle keine positiven Funktionswerte (oder keine negativen Funktionswerte) hat.

Richtige Antwort:

(3) Es muss in der Tat beide Arten von Punkten geben, denn andernfalls gäbe es eine Umgebung von $(0, 0)$, in der alle Funktionswerte $\geqslant 0$ oder alle $\leqslant 0$ wären. Dies würde aber bedeuten, dass f ein lokales Minimum bzw. ein lokales Maximum in $(0, 0)$ hat, und dann müsste der Gradient gleich Null sein. (Wir verwenden hier also die Kontraposition des notwendigen Kriteriums für lokale Extrema: Wenn der Gradient nicht Null ist, dann kann kein lokales Extremum vorliegen.)

L 155

Vorbemerkung:
Welche Bedingungen an die Ableitungen von f sind notwendig, welche sind hinreichend für das Vorliegen eines lokalen Extremums?

Richtige Antwort:
(3) Da der Gradient im Nullpunkt gleich $(1,1)^t$ ist, kann f dort kein lokales Extremum haben. Die Hesse-Matrix im Nullpunkt ist zwar positiv definit, aber dies allein sagt über das Vorliegen eines lokalen Extremums nichts aus.

L 156

Erläuterungen zu den falschen Antworten:
(1) Die Matrix ist nicht positiv definit.
(2) Die Matrix ist zwar nicht positiv definit (nur positiv semidefinit), aber daraus lässt sich nicht schließen, dass kein lokales Minimum vorliegt. Die positive Definitheit ist nur eine *hinreichende* Bedingung, aber nicht notwendig.
(4) Die Matrix ist nicht indefinit, sondern positiv semidefinit: Es gilt $v^t \cdot H_f(0,0) \cdot v = 2v_1^2 \geqslant 0$ für alle $v \in \mathbb{R}^2$.

Richtige Antwort:
(3) In der Tat hat f in $(0,0)$ ein lokales Minimum, denn es ist $f(0,0) = 0$ und $f(x,y) = x^2 \geqslant 0$ für alle (x,y). (Man benötigt also in diesem Fall keine Differentialrechnung, um dies zu zeigen.)
Dass die Matrix $H_f(0,0)$ nicht positiv definit ist, kann man auf verschiedene Weise erkennen:
(a) Es gilt $(0,1) \cdot H_f(0,0) \cdot \binom{0}{1} = 0$.
(b) Es gilt $\det H_f(0,0) = 0$.
(c) Es ist 0 ein Eigenwert von $H_f(0,0)$.

L 157

Vorbemerkung:
Vergegenwärtigen Sie sich die Definition des Begriffs *Untermannigfaltigkeit*. Sie enthält eine Voraussetzung über eine Jacobi-Matrix.

Erläuterungen zu den falschen Antworten:
(1) Es ist nicht immer erfüllt – zum Beispiel dann nicht, wenn g die Nullfunktion ist. Dann gilt nämlich $M = \mathbb{R}^n$, und dies ist keine $(n-1)$-dimensionale Untermannigfaltigkeit. Ein etwas interessanteres Beispiel: Wenn g die Funktion $\mathbb{R}^2 \to \mathbb{R}$, $(x, y) \mapsto xy$ ist, dann ist M die Vereinigung der beiden Koordinatenachsen. Diese Menge ist keine Untermannigfaltigkeit – sie hat im Nullpunkt eine sogenannte „Singularität".

(3) Die Bedingung an den Rang der Jacobi-Matrix wird nur in den Punkten $x \in M$ benötigt. Das Beispiel am Ende dieser Lösung zeigt, dass es eine echt stärkere Bedingung ist, es überall zu fordern.

(4) Es ist eine $(n-1)$-dimensionale Untermannigfaltigkeit, wenn die Gradientenbedingung in (2) erfüllt ist.

Richtige Antwort:
(2) Die Rangvoraussetzung in der Definition von Untermannigfaltigkeiten ist äquivalent dazu, dass der Gradient von g in den Punkten von M nicht verschwindet (denn die Jacobi-Matrix ist hier eine $(1 \times n)$-Matrix).

Weitergehende Hinweise:
Dass es einen Unterschied macht, ob man die Gradientenbedingung für alle $x \in \mathbb{R}^n$ oder nur für alle $x \in M$ verlangt, zeigt das folgende Beispiel: $f(x, y) = x^2 + y^2 - 1$. Der Gradient $(2x, 2y)$ verschwindet zwar im Urprung, aber dieser liegt nicht in M, und somit ist M eine 1-dimensionale Untermannigfaltigkeit.

L 158

Vorbemerkung:
Eine Teilmenge M des $\mathbb{R}^n$ ist dadurch als Untermannigfaltigkeit charakterisiert, dass sie lokal nach Anwendung eines passenden Diffeomorphismus „wie ein Untervektorraum aussieht". Damit ist gemeint: Zu jedem Punkt von M gibt es eine Umgebung $U \subset \mathbb{R}^n$, die durch einen Diffeomorphismus so auf eine offene Menge $V \subset \mathbb{R}^n$ abgebildet werden kann, dass das Bild von $M \cap U$ in V ein offenes Stück eines Untervektorraums des $\mathbb{R}^n$ ist. (Der Diffeomorphismus „begradigt" M lokal.)

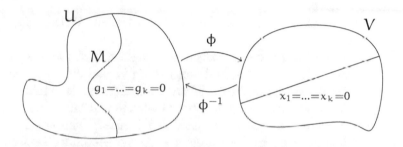

Richtige Antwort:
(3) Die Menge lässt sich in der Tat nicht begradigen, da sie aus zwei sich schneidenden Geraden besteht – jede von beiden lässt sich zwar begradigen (sie ist sogar bereits begradigt), aber die Vereinigung der zwei Geraden lässt sich in keiner Umgebung ihres Schnittpunkts begradigen.

Man kann dies auch rechnerisch begründen: Wenn es eine Untermannigfaltigkeit wäre, dann müsste die Jacobi-Matrix von $(x, y) \mapsto xy$ im Ursprung Rang 1 haben, sie ist dort aber gleich Null.

Weitergehende Hinweise:
Diese Frage soll die Vorstellung einer Begradigung ausschärfen: Obwohl das Achsenkreuz recht „geradlinig" aussieht, kann man es im

Sinne von Mannigfaltigkeiten nicht begradigen, d.h. nicht diffeo-
morph auf ein Stück einer Geraden abbilden. Verhindert wird dies
dadurch, dass sie im Ursprung eine sogenannte *Singularität* hat.

L 159

Erläuterungen zu den falschen Antworten:
(1) Die Funktion hat kein lokales (oder globales) Extremum. Man
    kann dies zum Beispiel daran erkennen, dass der Gradient
    grad $f(x, y) = (1, 0)$ nirgends gleich Null ist.

Richtige Antwort:
(2) Das ist richtig. Man kann hier auf verschiedene Weisen argu-
    mentieren:
    (a) Die Existenz eines Extremums lässt sich schon daraus
        schließen, dass die Funktion f stetig ist und die durch die
        Nebenbedingung beschriebene Menge (es ist der Einheits-
        kreis) kompakt ist (Satz über Maximum und Minimum).
    (b) Möchte man die Extremstelle(n) konkret bestimmen, so
        könnte man die Methode der Lagrange-Multiplikatoren
        einsetzen. In diesem Beispiel ist jedoch sogar eine Lösung
        ohne diese Methode möglich: Die Frage ist, für welche
        der Punkte (x, y) mit $x^2 + y^2 = 1$ der Funktionswert
        $f(x, y) = x$ extremal wird. Mit anderen Worten: Für wel-
        che Punkte (x, y) auf dem Einheitskreis ist x am kleinsten
        oder größten? So wird klar: Die Funktion f hat unter der
        Nebenbedingung $x^2 + y^2 = 1$ ein Minimum in $(-1, 0)$ und
        ein Maximum in $(1, 0)$.

Weitergehende Hinweise:
Die Aufgabe zeigt zweierlei: Zum einen können Extrema unter
Nebenbedingungen manchmal elementar ohne die Methode der
Lagrange-Multiplikatoren ermittelt werden. Ebenso wichtig ist ein
zweiter Aspekt: Extrema unter Nebenbedingungen müssen keine
Extrema der gesamten Funktion sein.

L 160

Vorbemerkung:
Überlegen Sie sich zunächst: Bei einer Polynomfunktion sind die im Ursprung gebildeten Taylor-Polynome direkt am Polynom ablesbar.

Erläuterungen zu den falschen Antworten:
(4) Wenn Sie diese Antwort gewählt haben, dann hatten Sie vielleicht vor Augen, dass das zweite Taylor-Polynom nur aus Termen vom Grad 2 bestehen sollte. Das ist aber so nicht richtig – es ist ein Polynom vom Grad $\leqslant 2$ und kann daher aus Termen vom Grad 0, 1 und 2 bestehen. Alleine mit einem Gradargument lässt sich noch *keine* der angegebenen Antworten ausschließen.

Richtige Antwort:
(3) Da es sich um eine Polynomfunktion handelt, ist das n-te Taylor-Polynom um den Entwicklungspunkt 0 einfach dadurch zu ermitteln, dass man alle Terme bis zur Ordnung n addiert. Im vorliegenden Fall ist es das quadratische Polynom $x^2 + 2xy + y^2 + x + 2y + 1$.

L 161

Vorbemerkung:
Hier werden Bezeichnungen verwendet, die bei der mehrdimensionalen Version des Satzes von Taylor nützlich sind: $D^k f$ und $|k|$ (siehe Symbolverzeichnis).

Richtige Antwort:
(1) Es ist $|k| = n = |\ell|$, und es gilt

$$D^k f = D_1 \dots D_n f \quad \text{und} \quad D^\ell f = D_1^n f.$$

Beides sind partielle Ableitungen der Ordnung n von f. Solche höheren Ableitungen stimmen aber im Allgemeinen nicht überein, auch wenn sie von derselben Ordnung sind. (Sie können sich schon für $n = 2$ ein Beispiel hierfür überlegen. Oder probieren Sie es zum Beispiel an $f(x_1, \ldots, x_n) = x_1^n$ aus.)

L 162

Erläuterungen zu den falschen Antworten:
(1) Eine solche Approximation erster Ordnung wird bereits durch das erste Taylor-Polynom geleistet. (Vergleichen Sie dies mit der Definition der totalen Differenzierbarkeit.)

Richtige Antwort:
(2) Dies ist in der Tat die quadratische Approximation, die das zweite Taylor-Polynom leistet. Allgemein liefert das k-te Taylor-Polynom eine Approximation k-ter Ordnung. (Dass das erste Taylor-Polynom eine Approximation erster Ordnung liefert, ist genau die Definition der totalen Differenzierbarkeit.)

Weitergehende Hinweise:
Die Konvergenzaussage aus (2) finden Sie in der Literatur auch in der Schreibweise $f(x) - T_{2,f,a}(x) = o(\|x - a\|^2)$, bei der das *Landau-Symbol* o verwendet wird. Dies bedeutet genau dasselbe wie $\dfrac{f(x) - T_{2,f,a}(x)}{\|x - a\|^2} \xrightarrow[x \to a]{} 0$.

L 163

Erläuterungen zu den falschen Antworten:
(1) Es ist richtig, dass M zusammenhängend ist, aber dies ist die schwächste aller vier Aussagen – es gibt stärkere, die wahr sind.
(2) Auch dies ist richtig, aber nicht die stärkste Aussage.
(4) Das ist nicht wahr, denn die Verbindungsstrecke zweier Punkte von M ist nicht immer in M enthalten.

Richtige Antwort:
(3) Diese Aussage ist wahr, und in der Tat reicht hier sogar immer ein Streckenzug, der nur aus *zwei* Strecken besteht.

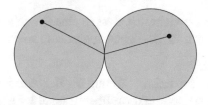

Ferner ist dies hier die stärkste wahre Aussage, denn aus ihr folgt der Bogenzusammenhang und daraus wiederum der Zusammenhang.

L 164

Richtige Antwort:
(3) Die Bildmenge muss zusammenhängend sein (da das Bild einer zusammenhängenden Menge unter einer stetigen Abbildung immer zusammenhängend ist). Die zusammenhängenden Teilmengen von $\mathbb{R}$ sind genau die Intervalle. Die Menge könnte unbeschränkt sein, zum Beispiel ist sie im Falle der Funktion $f \cdot U_1((1,0)) \to \mathbb{R}$, $(x,y) \mapsto 1/x$ gleich $]\frac{1}{2}, \infty[$.

L 165

Vorbemerkung:
Überlegen Sie zunächst, welche Aussagen wahr sind und welche Implikationen zwischen den wahren Aussagen bestehen, d.h., in welchem „Stärkeverhältnis" die Aussagen zueinander stehen.

Erläuterungen zu den falschen Antworten:
(1) Das stimmt nicht. Die Funktion könnte auf $U_1(2,2)$ zum Beispiel konstant den Wert 28 haben – auch dann wären alle angegebenen Bedingungen erfüllt.
(3) Zwar muss die Funktion f auch auf $U_1(2,2)$ konstant sein, aber sie könnte dort einen anderen Wert haben.
(4) Die Aussage ist zwar richtig – sie folgt daraus, dass der Gradient überall gleich Null ist. Jedoch ist die Aussage (2) stärker,

denn sie besagt nicht nur, dass es eine Umgebung *gibt*, auf der f konstant gleich 27 ist, sondern gibt eine solche Umgebung an.

Richtige Antwort:
(2) Die Aussage ist richtig. Denn: Da der Gradient von f gleich Null ist, muss die Funktion überall lokal konstant sein. Da nun $U_1(0,0)$ eine zusammenhängende Menge ist, folgt daraus, dass die Funktion auf ganz $U_1(0,0)$ konstant ist. Die noch stärkere Aussage, dass f auf ganz U konstant ist, ist aber falsch (siehe oben).

Weitergehende Hinweise:
Man sieht an diesem Beispiel, dass man von der Gleichung grad f = 0 nicht darauf schließen kann, dass f konstant ist. Möglich ist ein solcher Schluss nur, wenn der Definitionsbereich zusammenhängend ist. Im vorliegenden Beispiel ist U allerdings nicht zusammenhängend, sondern besteht aus zwei *Zusammenhangskomponenten* (den beiden Kreisscheiben). Man kann daher zwar auf jeder Zusammenhangskomponente schließen, dass die Funktion dort konstant ist, aber die beiden Konstanten müssen nicht gleich sein.

L 166

Erläuterungen zu den falschen Antworten:
(1) Die Aussage an sich ist korrekt, sie lässt sich auf das Beispiel aber nicht anwenden, da der Definitionsbereich hier nicht zusammenhängend ist.
(2) Dies ist in dem Beispiel nicht der Fall, denn der Definitionsbereich ist nicht zusammenhängend. (Das Beispiel zeigt im Gegenteil, dass die Aussage falsch ist.)
(4) Die Aussage lässt sich hier nicht anwenden, denn der Definitionsbereich ist in dem Beispiel nicht zusammenhängend. Die Aussage ist ohnehin falsch, denn die Bildmenge ist bei einer stetigen Abbildung immer zusammenhängend, wenn der Definitionsbereich es ist.

Richtige Antwort:

(3) Bei der vorliegenden Abbildung ist es in der Tat so, dass die Bildmenge $[1,4]$ zusammenhängend ist, der Definitionsbereich $[-2,-1] \cup [1,2]$ aber nicht. Dies zeigt, dass man bei der Frage nach dem Zusammenhang nicht von der Bildmenge auf den Definitionsbereich schließen kann (während es umgekehrt aber möglich ist).

L 167

Vorbemerkung:
Wenn Sie unsicher sind, testen Sie die Aussage anhand einiger Beispiele, wie $[0,1] \cup [1,2]$ und $[0,1] \cup [2,3]$.

Richtige Antwort:
(1) Die Voraussetzung impliziert (sogar: ist äquivalent dazu), dass M zusammenhängend, also ein Intervall ist. Das bedeutet, dass sich I und J schneiden müssen.

L 168

Richtige Antwort:
(3) Jede einpunktige Teilmenge von $\mathbb{Q}$ bildet eine Zusammenhangskomponente, also sind es abzählbar viele.

L 169

Vorbemerkung:
Probieren Sie aus, wie sich einfache Abbildungen wie $x \mapsto x$ oder $x \mapsto 0$ in dieser Hinsicht verhalten.

Erläuterungen zu den falschen Antworten:
(4) Wenn f eine konstante Abbildung ist, dann besteht die Bildmenge nur aus einem einzigen Punkt, ist also zusammenhängend.

Die Anzahl der Zusammenhangskomponenten von $f(M)$ kann also gleich 1 sein, egal wie M beschaffen ist.

Richtige Antwort:

(2) Seien $M_1, \ldots, M_n$ die Zusammenhangskomponenten von M. Dann ist $M = M_1 \cup \ldots \cup M_n$ und $f(M) = f(M_1) \cup \ldots \cup f(M_n)$. Die Mengen $f(M_i)$ sind zusammenhängend, da f stetig ist. Wenn sie paarweise disjunkt sind, dann hat $f(M)$ genau n Zusammenhangskomponenten. Wenn sich manche von ihnen schneiden, erhält man weniger Zusammenhangskomponenten. Beides kommt vor: Die Identität $f = \mathrm{id}$ erhält die Anzahl der Komponenten, während bei der Nullabbildung $f = 0$ die Bildmenge $f(M)$ nur eine einzige Komponente hat.

L 170

Erläuterungen zu den falschen Antworten:

(1) Diese Antwort scheidet aus, da A nicht Jordan-messbar ist.

(2) Diese Antwort scheidet ebenfalls aus, da A nicht Jordan-messbar ist.

(4) Es stimmt, dass A nicht Jordan-messbar ist, aber das äußere Volumen ist nicht gleich 0, wie unten gezeigt wird.

Überdies: Falls das äußere Volumen $\mathrm{Vol}_a(A)$ tatsächlich gleich Null wäre, so müsste auch das innere Volumen $\mathrm{Vol}_i(A)$ gleich Null sein (denn es gilt $0 \leqslant \mathrm{Vol}_i(A) \leqslant \mathrm{Vol}_a(A)$). Dann wäre A aber Jordan-messbar. Die Antwortmöglichkeit scheidet also schon deshalb aus, weil sie logisch widersprüchlich ist.

Richtige Antwort:

(3) Zur Ermittlung des äußeren Volumens müssen wir alle Zerlegungen von $[0, 1]$ (oder eines noch größeren Intervalls) in Teilintervalle I_k ins Auge fassen und jeweils die Volumensumme $\sum \mathrm{Vol}(I_k)$ derjenigen Teilintervalle I_k bilden, die A schneiden. Das Infimum aller solcher Volumensummen ist das äußere Volumen. Entscheidend ist nun: Die rationalen Zahlen liegen dicht

in $[0, 1]$, und daher hat *jedes* Teilintervall von $[0, 1]$ einen nicht-leeren Schnitt mit A. Die fraglichen Volumensummen $\sum \text{Vol}(I_i)$ sind daher alle gleich 1. Somit gilt $\text{Vol}_a(A) = 1$.

Die entsprechende Überlegung für das innere Volumen liefert $\text{Vol}_i(A) = 0$. (Hier werden die Teilintervalle herangezogen, die in A enthalten sind. Das ist aber nur für einpunktige Intervalle der Fall, und diese haben Volumen 0.)

Wir haben also gefunden, dass sich äußeres und inneres Volumen unterscheiden. Dies bedeutet, dass die Menge nicht Jordan-messbar ist.

L 171

Erläuterungen zu den falschen Antworten:

(1) Diese Antwort ist nicht richtig, denn das Integral in (c) gibt nur den Flächeninhalt des rechten Viertelkreises an.

(2) Das Integral in (d) gibt den Flächeninhalt von A an, aber es ist hier nicht das einzige.

(4) Das stimmt nicht, denn es ist (d) korrekt (und auch noch weitere Antworten).

Richtige Antwort:

(3) Während (c) nur den Inhalt einer Teilfläche angibt, drücken alle anderen Integrale den Flächeninhalt korrekt aus: Bei (a) und (b) wird dieser durch ein zweidimensionales Integral ausgedrückt, wobei (a) üblicherweise einfach durch (b) definiert wird. (Insofern besteht zwischen (a) und (b) sicher kein Unterschied.) Bei (d) wird der Flächeninhalt durch ein eindimensionales Integral ausgedrückt, wie es in der Analysis 1 üblich ist. Dass (b) und (d) denselben Wert haben, kann man mit dem Satz von Fubini beweisen (der die zweidimensionale Integration auf eine eindimensionale zurückführt).

L 172

Erläuterungen zu den falschen Antworten:
(2) Dieses Argument ist falsch. Man kann dies beispielsweise an der Dirichlet-Funktion erkennen: Sie ist ebenfalls über eine Fallunterscheidung durch zwei konstante Funktionen definiert, aber sie ist nicht integrierbar.

Richtige Antwort:
(1) Dies ist ein korrektes Argument – aus der Stetigkeit bis auf eine Jordan-Nullmenge kann man auf die Integrierbarkeit schließen. Das andere Argument ist nicht korrekt.

Weitergehende Hinweise:
Die Aufgabe zeigt, dass es auf die Art der Fallunterscheidung ankommt. Bei der Funktion f in dieser Aufgabe treffen die beiden Teilmengen des Definitionsbereichs, die für die Fallunterscheidung verwendet werden, in einer Jordan-Nullmenge zusammen, nämlich in $\{(x,y) \in [0,1]^2 \mid x = y\}$.

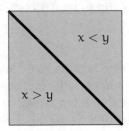

Dagegen treffen bei der Dirichlet-Funktion die zwei Teilmengen $\mathbb{Q}$ und $\mathbb{R} \setminus \mathbb{Q}$ „überall" zusammen – die Unstetigkeitsmenge ist zu groß.

L 173

Vorbemerkung:
Es lohnt sich, B als disjunkte Vereinigung aus A und der Differenzmenge B \ A zu schreiben. Da mit A und B auch B \ A Jordan-

messbar ist, lässt sich das Integral $\int_B f$ damit als Summe zweier Integrale schreiben.

Erläuterungen zu den falschen Antworten:

(2) Hierfür gibt es bereits im eindimensionalen Fall Gegenbeispiele wie etwa $A := [0, 1]$, $B := [0, 2]$, $f := 0$. Es gibt auch Gegenbeispiele, bei denen f nicht die Nullfunktion ist, zum Beispiel $A :=]0, 1[$ und $B := [0, 1]$ mit $f := 1$.

(3) Hierfür ist $A := [0, 1]$, $B := [0, 2]$, $f := 1$ ein Gegenbeispiel.

Richtige Antwort:

(1) Man kann die Bereichsadditivität des Integrals nutzen, um zu schreiben:

$$\int_B f = \int_A f + \int_{B \setminus A} f$$

Da $f \geqslant 0$ vorausgesetzt ist, gilt $\int_{B \setminus A} f \geqslant 0$ und daher $\int_B f \geqslant \int_A f$. Da die echte Ungleichung „>" nicht gilt, ist dies die stärkste der Folgerungen.

L 174

Vorbemerkung:

Der Satz von Fubini führt die Berechnung des zweidimensionalen Integrals auf die iterierte Berechnung zweier eindimensionaler Integrale zurück. Dabei wird die innere Integration $\int_{...}^{...} f(x, y) \, dx$ bei *festem* y ausgeführt, und sie verläuft über diejenigen x-Werte, die bei dieser y-Koordinate in A vorkommen.

Erläuterungen zu den falschen Antworten:

(1) Hierdurch würde das Integral über das Quadrat $[0, 1] \times [0, 1]$ berechnet werden.

(2) Im inneren Integral wird bei festem y über x integriert. Es kann daher nicht stimmen, dass die obere Grenze von x abhängt.

(4) Das kann nicht stimmen, denn wenn die obere Grenze der äußeren Integration von x abhängen würde, dann wäre das Ergebnis

der Integration ein von x abhängiger Wert.

Richtige Antwort:
(3) Bei festem y kommen in A als x-Koordinaten genau die Zahlen
des Intervalls $[0, 1 - y]$ vor:

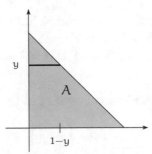

Die innere Integration liefert daher den von y abhängigen
Wert $\int_0^{1-y} f(x, y)\, dx$. Die äußere Integration verläuft dann
über alle in A vorkommenden y-Koordinaten, also über das
Intervall $[0, 1]$.

L 175

Richtige Antwort:
(3) Für die Funktion $\phi : x \mapsto \frac{1}{x}$ gilt $\phi'(x) = -\frac{1}{x^2}$, und daher gilt
sowohl $\phi'(x) = -\phi(x)^2$ als auch $\phi'(x) = -\frac{\phi(x)}{x}$. Die Funktion
löst also beide Differentialgleichungen.

Weitergehende Hinweise:
Die Aufgabe zeigt, dass eine Funktion als Lösung von verschiedenen
Differentialgleichungen auftreten kann.

L 176

Richtige Antwort:
(2) Wenn man $f'(x) = 2e^{2x}$, $g'(x) = 2 \cdot 27e^{2x}$, $h'(x) = 2e^{2x}$ berech-

net, dann sieht man, dass gilt

$$f' = 2f \qquad g' = 2g \qquad h' \neq 2h\,,$$

und dies bedeutet, dass f und g die Differentialgleichung lösen, aber h nicht.

Weitergehende Hinweise:
Die Aufgabe zeigt an einem einfachen Beispiel, dass eine Differentialgleichung mehrere Lösungen haben kann. Sobald sie mehr Theorie hierzu kennen, werden Sie wissen, dass es sich bei $y' = 2y$ um eine lineare Differentialgleichung mit konstanten Koeffizienten handelt und diese daher einen eindimensionalen Lösungsvektorraum hat. Daher können sich zwei Lösungen f und g nur um eine Konstante unterscheiden.

Anders ist die Situation bei einem *Anfangswertproblem*: Dort gibt es unter geeigneten Voraussetzungen genau eine Lösung.

L 177

Richtige Antwort:
(3) Da $\varphi' = \varphi^2 + 1$ überall positiv ist, ist φ streng monoton wachsend. Eine lineare Funktion kann φ nicht sein – dies sieht man gleich, wenn man die Funktion $x \mapsto ax + b$ in die Differentialgleichung einsetzt.

L 178

Richtige Antwort:
(4) Die beiden Aussagen sind falsch, denn Eindeutigkeit von Lösungen kann man mit dem Satz von Picard-Lindelöf nur für *Anfangswertprobleme* behaupten (d.h. für eine Differentialgleichung zusammen mit einer Anfangsbedingung).

L 179

Richtige Antwort:
(3) Tatsächlich wird der Hauptsatz der Differential- und Integral-
    rechnung für beide Implikationen benötigt: Für (i)$\Rightarrow$(ii) wird
    integriert und dann auf der linken Seite mit dem Hauptsatz auf
    die Gleichung $\int_a^x \varphi = \varphi(x) - \varphi(a)$ geschlossen. Für die Implika-
    tion (ii)$\Rightarrow$(i) wird differenziert und dann auf der rechten Seite
    der Hauptsatz benutzt.

L 180

Richtige Antwort:
(3) Die rechte Seite ist sowohl von der Form $f(x)g(y)$ (getrennte
    Variablen) als auch von der Form $f(y/x)$ (homogen).

Weitergehende Hinweise:
Man sieht an der Aufgabe, dass die beiden bekannten elementaren
Typen von Differentialgleichungen nicht disjunkt sind. Man kann
sich dies zunutze machen, da man in solchen Fällen jedes der beiden
zugehörigen Lösungsverfahren anwenden kann.

L 181

Richtige Antwort:
(2) Es handelt sich um ein homogenes lineares Differentialglei-
    chungssystem aus zwei Gleichungen, daher ist die Lösungs-
    menge ein zweidimensionaler Vektorraum.

L 182

Vorbemerkung:
Überlegen Sie vorab: Was ist als „Lösung" bei einem Differentialglei-
chungs*system* gesucht?

Erläuterungen zu den falschen Antworten:

(1) Eine Lösung eines solchen Differentialgleichungssystems ist ein Tupel (φ_1, φ_2) aus zwei Funktionen, die anstelle von y_1 und y_2 eingesetzt werden. Im vorliegenden Beispiel bildet das Paar $(\sin, \cos)$ *eine* Lösung des Systems. Es gibt aber noch weitere Lösungen.

(2) Das Paar $(\sin, \cos)$ ist eine Lösung. Diese eine Lösung bildet aber noch kein Fundamentalsystem.

Richtige Antwort:

(3) Jedes der Tupel $(\sin, \cos)$ und $(-\cos, \sin)$ ist eine Lösung des Systems. Da diese beiden Lösungen linear unabhängig sind und die Theorie voraussagt, dass der Lösungsraum zweidimensional ist, bilden die zwei Tupel in der Tat eine Basis des Lösungsraums, d.h. ein Fundamentalsystem.

Symbolverzeichnis

Die nachfolgende Übersicht enthält die wichtigsten der in diesem Buch verwendeten Symbole. Die hier gegebenen Erläuterungen ersetzen meist nicht die vollständigen Definitionen, sondern sind als knapp gefasste Erinnerungen gedacht.

Mengen

$\varnothing$	Die leere Menge. Man kann sie auch als $\{\}$ schreiben. Sie ist die einzige Menge, die keine Elemente enthält.
$\mathbb{N}$	Die Menge der natürlichen Zahlen $\{1, 2, 3, \ldots\}$.
$\mathbb{N}_0$	Die Menge $\mathbb{N} \cup \{0\}$.
$\mathbb{Z}$	Die Menge der ganzen Zahlen $\{\ldots, -3, -2, -1, 0, 1, 2, 3, \ldots\}$.
$\mathbb{Q}$	Die Menge der rationalen Zahlen $\left\{ \frac{p}{q} \mid p \in \mathbb{Z} \text{ und } q \in \mathbb{Z} \setminus \{0\} \right\}$.
$\mathbb{R}$	Die Menge der reellen Zahlen.
$\mathbb{R}^+$	Die Menge der positiven reellen Zahlen.
$\mathbb{R}_0^+$	Die Menge $\mathbb{R}^+ \cup \{0\}$.
$\mathbb{R}^n$	Die Menge der n-Tupel $(x_1, \ldots, x_n)$ mit $x_i \in \mathbb{R}$ für $i = 1, \ldots, n$.
$[a, b]$	Das abgeschlossene Intervall $\{x \in \mathbb{R} \mid a \leqslant x \leqslant b\}$.
$]a, b[$	Das offene Intervall $\{x \in \mathbb{R} \mid a < x < b\}$.
$[a, b[$	Das halboffene Intervall $\{x \in \mathbb{R} \mid a \leqslant x < b\}$. Analog ist $]a, b]$ definiert.
$M_{m \times n}(\mathbb{R})$	Die Menge (der Vektorraum) der $(m \times n)$-Matrizen mit Einträgen aus $\mathbb{R}$. Man kürzt $M_{n \times n}(\mathbb{R})$ durch $M_n(\mathbb{R})$ ab.
$X \times Y$	Das kartesische Produkt zweier Mengen, d.h. die Menge aller Paare (x, y) mit $x \in X$ und $y \in Y$. Beispielsweise ist $\mathbb{R}^n$ das n-fache kartesische Produkt $\mathbb{R} \times \ldots \times \mathbb{R}$.
$A \setminus B$	Die Differenzmenge $\{x \mid x \in A \text{ und } x \notin B\}$ zweier Mengen A und B. Hierbei ist nicht vorausgesetzt, dass B eine Teilmen-

© Springer-Verlag GmbH Deutschland, ein Teil von Springer Nature 2019
T. Bauer, *Verständnisaufgaben zur Analysis 1 und 2*,
https://doi.org/10.1007/978-3-662-59703-3

ge von A ist. So gilt beispielsweise $[0, 2] \setminus [1, 3] = [0, 1[$.

$f^{-1}(M)$ Das Urbild der Menge M unter der Abbildung f. Ist $f : A \to B$ eine Abbildung und $M \subset B$, so ist $f^{-1}(M)$ die Menge $\{a \in A \mid f(a) \in M\}$. Beachten Sie: Es wird hierbei nicht vorausgesetzt, dass f invertierbar ist. Ist zum Beispiel f die Abbildung $\mathbb{R} \to \mathbb{R}, x \mapsto x^2$, so gilt $f^{-1}(\{4\}) = \{-2, 2\}$.

G_f Der Graph der Funktion f. Für eine Funktion $f : A \to B$ ist dies die Menge $\{(x, y) \in A \times B \mid f(x) = y\}$. Der Graph einer Funktion $f : \mathbb{R} \to \mathbb{R}$ ist also eine Teilmenge der Ebene $\mathbb{R}^2$; sie wird gerne zur Darstellung der Funktion genutzt.

$U_\varepsilon(a)$ Die ε-Umgebung eines Punkts a in einem metrischen Raum (X, d). Für $\varepsilon \in \mathbb{R}^+$ und $a \in X$ besteht sie aus allen Punkten $x \in X$, deren Abstand von a kleiner als ε ist: $U_\varepsilon(a) = \{x \in X \mid d(a, x) < \varepsilon\}$. Ist $X = \mathbb{R}$ und d die euklidische Metrik d_2, so ist $U_\varepsilon(a)$ das Intervall $]a - \varepsilon, a + \varepsilon[$. Ist $X = \mathbb{R}^2$ und $d = d_2$, so ist $U_\varepsilon(a)$ die offene Kreisscheibe vom Radius ε um den Punkt a.

$\overline{M}$ Der (topologische) Abschluss einer Teilmenge $M \subset X$ eines metrischen Raums X. Er ist gleich der Menge der Grenzwerte aller in M liegenden konvergenten Folgen. (Deren Grenzwerte müssen nicht in M liegen, es gilt $M \subset \overline{M}$.)

$\mathring{M}$ Das Innere einer Teilmenge $M \subset X$ eines metrischen Raums X. Es besteht aus allen Punkten $a \in M$, zu denen es eine ε-Umgebung $U_\varepsilon(a)$ gibt, die ganz in M enthalten ist.

∂M Der Rand einer Teilmenge $M \subset X$ eines metrischen Raums X. Es gilt $\partial M = \overline{M} \setminus \mathring{M}$.

$\mathcal{C}^k(M)$ Die Menge aller k-mal stetig differenzierbaren Funktionen $M \to \mathbb{R}$. Hierbei ist $M \subset \mathbb{R}^n$ eine offene Menge. Man verwendet das Symbol $\mathcal{C}^k$ auch in Abkürzungen: Unter einer $\mathcal{C}^1$-Funktion versteht man eine stetig differenzierbare Funktion.

Zahlen, Vektoren, Matrizen

$\binom{n}{k}$ Der Binomialkoeffizient. Für $n \in \mathbb{N}$ und $0 \leqslant k \leqslant n$ ist er durch $\frac{n!}{k!(n-k)!}$ definiert.

$|x|$ Der Betrag (oder: Absolutbetrag) einer Zahl $x \in \mathbb{R}$.

$\|x\|$ Die Norm des Vektors $x \in \mathbb{R}^n$. Wenn nicht anders angegeben, dann ist die euklidische Norm $\|x\|_2$ gemeint.

$v \bullet w$ Das kanonische Skalarprodukt zweier Vektoren v und w im $\mathbb{R}^n$. Es ist definiert durch $v \bullet w := \sum_{i=1}^n v_i w_i$. Fasst man v und w als Spaltenvektoren auf, so kann man es auch als Matrizenprodukt $v^t w$ schreiben. Eine alternative Schreibweise für das Skalarprodukt ist $\langle v, w \rangle$.

$\|x\|_2$ Die euklidische Norm (oder: 2-Norm) eines Vektors $x \in \mathbb{R}^n$. Sie ist definiert durch $\|x\|_2 := \sqrt{\sum_{i=1}^n x_i^2}$. Mit dem kanonischen Skalarprodukt kann man dies auch als $\sqrt{x \bullet x}$ schreiben.

$\|x\|_1$ Die 1-Norm (oder: Taxi-Norm, Summennorm) eines Vektors $x \in \mathbb{R}^n$. Sie ist definiert durch $\|x\|_1 := \sum_{i=1}^n |x_i|$.

$|Z|$ Die Feinheit einer Zerlegung Z des Intervalls $[a, b]$, d.h. die Länge des längsten Teilintervalls.

$\int_a^b f(x)\, dx$ Das Riemann-Integral der Funktion f über dem Intervall $[a, b]$. Kurz: $\int_a^b f$. Es kann über Riemannsche Summen definiert werden (wie in [7, Abschn. 79] durchgeführt) oder alternativ (und äquivalent) über Unter- und Obersummen (Darbouxscher Zugang, siehe [7, Abschn. 82]).

Ist f nicht auf dem ganzen Intervall definiert, so wird dieselbe Schreibweise auch für *uneigentliche* Riemann-Integrale verwendet. Ein Beispiel hierfür ist $\int_0^1 \ln x\, dx$.

$d(x, y)$ Der Abstand zweier Punkte x und y in einem metrischen Raum (X, d). Ist $X = \mathbb{R}^n$, so wird hierfür häufig die euklidische Metrik d_2 verwendet, die durch $d_2(x, y) := \|x - y\|_2$ definiert ist (also auf die 2-Norm zurückgreift).

$\mathrm{Vol}_a(A)$ Das äußere Volumen einer Menge $A \subset \mathbb{R}^n$.

$\mathrm{Vol}_i(A)$ Das innere Volumen einer Menge $A \subset \mathbb{R}^n$. Es gilt immer $\mathrm{Vol}_i(A) \leqslant \mathrm{Vol}_a(A)$. Sind äußeres und inneres Volumen von A gleich, so heißt A *Jordan-messbar*. Der gemeinsame Wert wird dann als *Jordan-Volumen* von A bezeichnet. Er stimmt mit dem Wert $\int_A 1\, dx$ des mehrdimensionalen Riemann-Integrals überein.

Folgen und Funktionen

$(a_n)_{n \in \mathbb{N}}$ Die Folge mit den Gliedern a_n. Man kann sie auch aufzählend schreiben als $(a_1, a_2, a_3, \ldots)$. Eine Folge $(a_n)_{n \in \mathbb{N}}$ reeller Zahlen ist nichts anderes als eine Abbildung $\mathbb{N} \to \mathbb{R}$, $n \mapsto a_n$.

$\sum\limits_{i=1}^{\infty} a_n$ Die Reihe mit den Gliedern a_n, d. h. die Folge der Partialsummen $(\sum_{i=1}^{n} a_i)_{n \in \mathbb{N}}$. Falls diese konvergent ist, dann wird mit demselben Symbol auch ihr Grenzwert bezeichnet.

$g \circ f$ Die Hintereinanderausführung (Komposition, Verkettung) zweier Funktionen $f : A \to B$ und $g : B \to C$. Sie ist definiert durch $x \mapsto g(f(x))$.

f' Die Ableitung einer differenzierbaren Funktion f.

f'' Die zweite Ableitung von f, falls f zweimal differenzierbar ist. Es ist dies die Ableitung von f'.

$f^{(n)}$ Die n-te Ableitung von f, falls f n-mal differenzierbar ist. Für kleine Werte von n verwendet man statt $f^{(1)}$, $f^{(2)}$, $f^{(3)}$ meist die Schreibweisen f', f'', f'''.

$D_i f$ Ist f eine Funktion $U \to \mathbb{R}^m$ auf einer offenen Menge $U \subset \mathbb{R}^n$, so bezeichnet $D_i f(a)$ die partielle Ableitung von f an der Stelle $a \in U$ nach der i-ten Variablen. Mit $D_i f$ wird die Funktion $x \mapsto D_i f(x)$ bezeichnet (dort, wo die partielle Ableitung existiert).

$\frac{\partial f}{\partial x_i}$ Eine alternative Schreibweise für $D_i f$.

$D_v f$ Die Richtungsableitung der Funktion f in Richtung des Vektors v. Ist v der i-te Einheitsvektor e_i, dann ist $D_v f = D_i f$ die partielle Ableitung nach der i-ten Variablen.

Df Die Jacobi-Matrix (Funktionalmatrix) der Funktion f.

grad f   Der Gradient einer partiell differenzierbaren Funktion $f : U \to \mathbb{R}$ auf einer offenen Menge $U \subset \mathbb{R}^n$. Er ist gleich der Transponierten der Jacobi-Matrix Df.

H_f Die Hesse-Matrix einer zweimal partiell differenzierbaren Funktion $f : U \to \mathbb{R}$ auf einer offenen Menge $U \subset \mathbb{R}^n$. Sie enthält die zweiten partiellen Ableitungen von f.

$D^k f$ Ist f eine Funktion $I \to \mathbb{R}$ auf einem reellen Intervall I und $k \in \mathbb{N}$, so ist dies eine alternative Bezeichnung für die k-te Ableitung $f^{(k)}$. Ist f eine Funktion $U \to \mathbb{R}$ auf einer offenen Menge $U \subset \mathbb{R}^n$ und $k = (k_1, \ldots, k_n)$ ein Vektor aus $\mathbb{N}_0^n$, so bezeichnet $D^k f$ die höhere partielle Ableitung $D_1^{k_1} \dots D_n^{k_n} f$. Man verwendet in diesem Kontext die Notation $|k|$ für die Summe $k_1 + \dots + k_n$ und kann dann sagen, dass $D^k f$ eine partielle Ableitung der Ordnung $|k|$ ist.

A^t Die Transponierte einer Matrix A. Das Element in Zeile i und Spalte j von A^t ist das Element aus Zeile j und Spalte i von A.

Aussagen

$A \subset B$ Die Menge A ist eine Teilmenge der Menge B. Dies bedeutet, dass jedes Element von A auch Element von B ist.

$A \subsetneq B$ Die Menge A ist eine *echte* Teilmenge der Menge B, d.h., es gilt $A \subset B$, aber $A \neq B$.

$A \not\subset B$ Dies ist die Verneinung von $A \subset B$. Es bedeutet also, dass A nicht Teilmenge von B ist, d.h., dass es ein Element $a \in A$ gibt, das nicht in B enthalten ist.

$\dots := \dots$ Durch dieses Symbol wird eine neue Bezeichnung eingeführt. Beispielsweise würde durch $M := \{1, 2, 3\}$ vereinbart, dass im Folgenden M für die Menge $\{1, 2, 3\}$ steht.

$a_n \longrightarrow a$ Die Folge $(a_n)_{n \in \mathbb{N}}$ konvergiert gegen a, d.h., in jeder Umgebung von a liegen fast alle Folgenglieder (d.h. alle bis auf endlich viele).
Die Gleichung $\lim_{n \to \infty} a_n = a$ drückt dasselbe aus.

$f(x) \underset{x \to a}{\longrightarrow} b$ Die Funktion f konvergiert für $x \to a$ gegen b. Eine Möglichkeit, dies auszudrücken (oder sogar zu definieren), ist: Für jede Folge $(a_n)_{n \in \mathbb{N}}$, die gegen a konvergiert, konvergiert die Folge der Funktionswerte $(f(a_n))_{n \in \mathbb{N}}$ gegen b.
Die Gleichung $\lim_{x \to a} f(x) = b$ drückt dasselbe aus.

$f(x) \underset{x \nearrow a}{\longrightarrow} b$ Konvergenz bei linksseitiger Annäherung an a. In der Beschreibung mittels Folgen werden nur Folgen $(a_n)_{n \in \mathbb{N}}$ mit $a_n < a$ in Betracht gezogen.
Die Gleichung $\lim_{x \nearrow a} f(x) = b$ drückt dasselbe aus.

$f(x) \underset{x \searrow a}{\longrightarrow} b$ Konvergenz bei rechtsseitiger Annäherung an a. In der Beschreibung mittels Folgen werden nur Folgen $(a_n)_{n \in \mathbb{N}}$ mit $a_n > a$ in Betracht gezogen.
Die Gleichung $\lim_{x \searrow a} f(x) = b$ drückt dasselbe aus.

Literaturverzeichnis

[1] Bauer, Th.: Peer Instruction als Instrument zur Aktivierung von Studierenden in mathematischen Übungsgruppen. *Math. Semesterberichte*, First Online: 14 Juni 2018

[2] Mazur, E.: Peer Instruction: Wie man es schafft, Studenten zum Nachdenken zu bringen. *Praxis der Naturwissenschaften. Physik in der Schule*, 4(55), 11–15 (2006)

[3] Mazur, E.: *Peer Instruction. Interaktive Lehre praktisch umgesetzt.* Springer, 2017.

[4] Miller, R. L., Santana-Vega, E., Terrell, M. S.: Can good questions and peer discussion improve calculus instruction? *PRIMUS. Problems, Resources, und Issues in Mathematics Undergraduate Studies* 16(3), 193–203 (2006)

[5] Forster, O.: *Analysis 1. Differential- und Integralrechnung einer Veränderlichen.* Vieweg+Teubner, 2011.

[6] Forster, O.: *Analysis 2. Differentialrechnung im $\mathbb{R}^n$, gewöhnliche Differentialgleichungen.* Vieweg+Teubner, 2011.

[7] Heuser, H.: *Lehrbuch der Analysis, Teil 1.* Vieweg+Teubner, 2009.

[8] Heuser, H.: *Lehrbuch der Analysis, Teil 2.* Vieweg+Teubner, 2009.

[9] Terrell, M. S., Connelly, R., Henderson, D.: *GoodQuestions Project.* Department of Mathematics, Cornell University.
http://pi.math.cornell.edu/~GoodQuestions/

© Springer-Verlag GmbH Deutschland, ein Teil von Springer Nature 2019
T. Bauer, *Verständnisaufgaben zur Analysis 1 und 2*,
https://doi.org/10.1007/978-3-662-59703-3

Index

Im folgenden Stichwortverzeichnis sind diejenigen Seitenzahlen *kursiv* gedruckt, die auf den Lösungsteil verweisen.

© Springer-Verlag GmbH Deutschland, ein Teil von Springer Nature 2019
T. Bauer, *Verständnisaufgaben zur Analysis 1 und 2*,
https://doi.org/10.1007/978-3-662-59703-3

Willkommen zu den Springer Alerts

- Unser Neuerscheinungs-Service für Sie:
  aktuell *** kostenlos *** passgenau *** flexibel

Springer veröffentlicht mehr als 5.500 wissenschaftliche Bücher jährlich in gedruckter Form. Mehr als 2.200 englischsprachige Zeitschriften und mehr als 120.000 eBooks und Referenzwerke sind auf unserer Online Plattform SpringerLink verfügbar. Seit seiner Gründung 1842 arbeitet Springer weltweit mit den hervorragendsten und anerkanntesten Wissenschaftlern zusammen, eine Partnerschaft, die auf Offenheit und gegenseitigem Vertrauen beruht.

Die SpringerAlerts sind der beste Weg, um über Neuentwicklungen im eigenen Fachgebiet auf dem Laufenden zu sein. Sie sind der/die Erste, der/die über neu erschienene Bücher informiert ist oder das Inhaltsverzeichnis des neuesten Zeitschriftenheftes erhält. Unser Service ist kostenlos, schnell und vor allem flexibel. Passen Sie die SpringerAlerts genau an Ihre Interessen und Ihren Bedarf an, um nur diejenigen Information zu erhalten, die Sie wirklich benötigen.

Mehr Infos unter: springer.com/alert

Printed in the United States
By Bookmasters